编著/张 笛 刘 峰 李 伟
易乃娣 孔 伟

DONGWU ZHISHI
GUSHI

小学生 益智故事 系列——

动物 知识
故事

时代出版传媒股份有限公司
安徽科学技术出版社

图书在版编目(CIP)数据

动物知识故事/张笛等编著. —合肥：安徽科学技术出版社,2012.10（2023.1重印）

（小学生益智故事系列）

ISBN 978-7-5337-5772-4

Ⅰ.①动… Ⅱ.①张… Ⅲ.①动物-少儿读物

Ⅳ.①Q95-49

中国版本图书馆 CIP 数据核字（2012）第 214702 号

动物知识故事　　　　　　　　　　　　张 笛等 编著

出 版 人：丁凌云　　　选题策划：王 霄　　　责任编辑：王 霄

责任校对：潘宜峰　　　责任印制：廖小青　　　封面设计：朱 婧

出版发行：安徽科学技术出版社　　http://www.ahstp.net

（合肥市政务文化新区翡翠路 1118 号出版传媒广场,邮编:230071）

电话：（0551）3533330

印　　制：阳谷毕升印务有限公司　　　电话：（0635）6173567

（如发现印装质量问题,影响阅读,请与印刷厂商联系调换）

开本：710×1010　1/16　　　印张：10　　　字数：110 千

版次：2012 年 10 月第 1 版　　2023年1月第5次印刷

ISBN 978-7-5337-5772-4　　　　　　　　定价：38.00元

目　　录

奇妙的动物故事

有趣的动物故事

动物之间的故事

奇妙的动物故事

小朋友们一定喜欢各种各样的动物,逛动物园肯定是你们最感兴趣的事之一。相信大家也认识许许多多的动物,甚至还和有的小动物成为朋友了吧。

但你知道吗? 动物世界里有着无穷无尽的奇妙故事呢。你看,为什么大家原谅了杀害自己爱人的蜘蛛?是谁吃掉了蜗牛? 又是谁杀害了斑马? ……下面这些精彩的故事会告诉你答案的。

审判坏蛋老鼠

时间过得真快,转眼间又到了小白兔种白菜的时候了。当他来到洞边取种子时,小白兔惊奇地发现,洞口早被打开了;再打开小包,种子少了一半。是谁偷的呢?小白兔仔细寻找,发现洞边留有老鼠的脚印。不用说,又是这儿出名的小偷——老鼠干的。

"一定得抓住这个好吃懒(lǎn)做的家伙!"小白兔十分气愤。可他不会捉鼠呀,去找谁呢?

小白兔首先想到了啄木鸟大夫。啄木鸟可是著名的"树木医生",是捕捉森(sēn)林害虫的能手,说不定他也能捉老鼠呢。

小白兔来到大树下。啄木鸟正在"笃(dǔ)笃笃"敲着树,在捉害虫呢。听了小白兔的请求,啄木鸟感到很为难,说:"我只能捉树林里的害虫,抓老鼠我可不会呀!"

"那怎么办呢?"小白兔很着急。

啄木鸟想了想,说:"小白兔,你去找蛇吧。他可是捕捉老鼠的能手呀,一年要吃无数只老鼠呢。"

"不行!不行!"小白兔很害怕,急忙摇头摆手,"蛇的模样怪吓人的,他吃过小青蛙,说不定也会咬我的。"

啄木鸟又想了想,说:"那你去找黄鼠狼吧。黄鼠狼本领大,一只老鼠也逃不过。"

小白兔一听,神情更紧张,忙说:"黄鼠狼鬼头鬼脑,经常偷鸡。不行!不行!"

啄木鸟叹口气,又想了想。好一会儿,他才开口说:"要么去找狐狸吧。"

小白兔一听,更不情愿了,忙说:"狐狸精明又狡猾(huá),偷鸡骗人都会,弄不好会上当的。"

"那怎么办呢!"啄木鸟似乎不耐(nài)烦了,"那就去找猫头鹰吧。他耳朵灵敏,眼力极好,夜间捕鼠更是他的绝招。他一年要吃几百只鼠呢,是个名副其实的捕鼠大王!"

小白兔想了一会儿,又为难地说:"可是他的叫声太难听了。"

啄木鸟正感到没有好主意时,突然听到小花猫的叫声。啄木鸟兴奋得大叫:"为什么不找小花猫呢?"

"对呀,怎么忘了小花猫呢!"

小白兔也想起小花猫是捉鼠能手,他谢过啄木鸟,就去找小花猫了。

第二天晚上,小花猫就帮小白兔抓住了那只偷吃种子的老鼠。

老鼠被小花猫抓获了,并被送交动物警察局。黑猫警长决定开一次公审老鼠大会。

一听这事,小动物们个个拍手称快。走的、跑的、爬的、飞的……都聚集到一起,想看个究竟。

公审害鼠的大会开始了。猴子审判长端正地坐在台上,黑猫警长将害鼠押到台下。老鼠满脸灰色,浑身颤(chàn)抖,瘫

(tān)倒在地。

在一片议论声中,猴子审判长站起身大声宣布:"公审小偷老鼠的大会,现在开始!"

台下掌声雷动。

顿了顿,猴子审判长接着说:"这只老鼠是个惯偷,作恶多端。这一次是在偷吃小白兔的白菜种子时被小花猫抓获的……"

审判长的话还没说完,老鼠就叫喊起来:"冤(yuān)枉啊!那晚我没有当小偷!"

"那你在干什么呢?"审判长追问道。

"去……去玩了。"

"胡说!"一听这话,黑猫警长大声喝道,"我们做过调查、化验,种子上留有你的气味和唾液,你还想抵赖(lài)?"

老鼠只好缩起头,不敢言语。

"你这只害鼠做的坏事远不止这一件!"黑猫警长起身高声说。

四周的小动物们早已怒不可遏(è),一齐高呼:"对!害鼠罪该万死!"

这时候,鸡妈妈从小动物中挤了出来,走上前厉声道:"就是他咬伤了我的小宝宝!"

啄木鸟更是愤愤不平,他高声怒斥(chì):"是他咬伤了那棵小树!"

小青蛙也跳了过来,呱呱大叫:"稻子成熟的时候,他经常偷吃农民伯伯的稻子,我亲眼见过好几次!"

燕子飞上树梢,气愤地说:"可恶的老鼠还传染疾病,危害小朋友的健康!"

大家你一言,我一语,都在列举老鼠做的坏事。

这时,猴子审判长拍了拍桌子,大声说:"大家静一静。老鼠,你还有什么可说的吗?"

老鼠哆(duō)哆嗦(suō)嗦地说:"我承认我做的坏事。可是,森林里干坏事的可不止我们老鼠一种动物。"

"你说还有谁?"猴子审判长问。

"小花猫和小花狗偷吃过别人家的肉。"老鼠说。

"可小花猫能捉害鼠,小花狗能给主人看门。他们现在都改邪(xié)归正啦。"猴子审判长说。

"狐狸偷吃过鸡。"

"可狐狸也会捉害鼠,做过一些好事。"

"黄鼠狼也偷吃过鸡。"

"可黄鼠狼是捕鼠的能手,帮助农民伯伯做了许多好事。"

"蛇吃过小青蛙。"

"可蛇也能帮助农民伯伯消灭农田害鼠。"

老鼠无话可说了。

猴子审判长接着说:"马能运送货物,牛能耕田种地,啄木鸟能消灭森林害虫, 小青蛙能保护庄稼, 小蜜蜂能采花酿(niàng)蜜,蜘蛛能结网捉害虫,燕子能捉虫报春,鸡鸭鹅会下蛋……谁不比你们老鼠优点多!"

最后,猴子审判长大声说:"我宣布,这只老鼠好吃懒做,偷吃东西,咬伤小动物,传染疾病,破坏农田、树木,应该消灭掉!"

只听小花猫"啊呜"一声,老鼠就成了小花猫的一顿美餐。

小动物们都高兴地欢呼起来:"除掉害鼠啦!除掉害鼠啦!"小白兔更是高兴得一蹦一跳。

知识小贴士

老鼠:老鼠是一种啮齿动物,体形有大有小。老鼠种类很多,全世界总计450多种。老鼠繁殖速度很快,生命力很强,几乎什么都吃,在什么地方都能居住。老鼠会打洞、上树、爬山、涉水,且糟蹋粮食、传播疾病,对人类危害很大。

危害小树的坏蛋

小白兔的家门前有一棵嫩(nèn)绿的小树,小白兔可喜欢它啦,每天都要给它浇水施肥,有时还围着它跳"蹦蹦舞"呢。

可是有一天,一件奇怪的事情发生了:小树像是生病了,枝干枯(kū)了,叶儿发黄。这可把小白兔急坏啦,他连忙去请灰兔大夫——大森林里有名的老大夫。

灰兔大夫觉得很为难,因为他一向是给小动物治病的,给小树治病还是头一次。可灰兔大夫还是把小树仔细地检查了一遍,然后对小白兔说:"小树不像是生病,一定是哪个坏蛋伤害了它。"坏蛋会是谁呢?灰兔大夫说不出来。

小白兔很着急,只得去请小猫咪。小猫咪刚睡醒,睁(zhēng)开眼睛想了想,说:"坏蛋一定是小灰鼠!让我去捉住他!"

小猫咪跟着小白兔来到了小树下,恰(qià)好碰上了小灰鼠。小灰鼠正背着手散步呢,见到小猫咪,小灰鼠吓得浑(hún)身直哆(duō)嗦(suo):"小猫咪,别抓我,我可没有干坏事呀!"

"这棵小树枯黄了,一定是你咬伤了它!"小猫咪指着小树对小灰鼠说。

"我是伤害过小树,可这一回不是我干的呀。不信,你去检查一下。"小灰鼠不承认。

小猫咪围着小树仔细看,没有发现小灰鼠咬的痕(hén)迹;

他认真地闻了闻,也没有闻出小灰鼠的气味。

那么,伤害小树的坏蛋会是谁呢?小白兔只好去问小鸭子。

小鸭子想了想,说:"坏蛋大概是蚯蚓,让我去捉住他吧!"

小鸭子来到小树下,在那儿待了一整天。直到太阳公公去西边的大山睡觉了,他连蚯蚓的影子也没见着。

小鸭子很扫兴,起身准备往回走时,正好遇见了小公鸡。小公鸡问他在干什么时,小鸭子就把抓蚯蚓的事儿说了一遍。

小公鸡听了咯(gē)咯笑,并说:"蚯蚓白天总是躲在土壤里,只有晚上才出来呢。如果你想抓住他,就必须刨(páo)土去寻找。"

小鸭子点点头,他请小公鸡帮忙。可是天黑了,他们根本看不清呀。

第二天,小鸭子和小公鸡来到小树下,一块儿刨土,一块儿寻找,终于找到了蚯蚓的家。蚯蚓正在长长的洞里睡觉呢。见到了蚯蚓,小鸭子气得跺(duò)着脚,小公鸡气得咯咯叫。

"蚯蚓,是你咬伤了小树的根吗?"他们齐声问道。

蚯蚓被强光刺得浑身不舒服。他动了动身体,伸了个懒腰,觉得小公鸡和小鸭子的话莫名其妙,哪有蚯蚓咬伤树根的。

"我是生活在土壤里的小动物,是我松动土块,让树根更好地伸展;是我吃掉地面的落叶,排出粪(fèn)便给小树施肥。难道我做的好事都变成坏事了吗?"蚯蚓很气愤,跟小鸭子和小公鸡讲道理。

小公鸡和小鸭子听了蚯蚓的话,觉得他说得很有道理,连忙说了声"对不起"，又给蚯蚓盖上土。

那么，伤害小树的坏蛋会是谁呢？小白兔只得去找啄木鸟。

啄木鸟是大森林里有名的树木医生。他想了想，说："小树肚里一定有了钻心虫，让我去捉住他吧！"

啄木鸟拎（līn）着药箱，来到了小白兔的家门前。他绕着小树飞了一圈，又在树干和树枝上敲了敲，终于找到了一个小圆

洞。啄木鸟用自己的尾巴作凳子，坐下来用嘴猛啄小圆洞。

不一会儿，他便抓出了一个胖乎乎的小害虫。

"原来坏蛋就是他！"啄木鸟把害虫放到小白兔的面前，气愤地说。

坏蛋终于被抓出来啦。不久，小树就恢（huī）复了生机，长得和以前一样嫩绿。

小白兔非常感激啄木鸟大夫。当然啦，他也很感激帮助过他的小伙伴们——小猫咪、小鸭子和小公鸡，还有好心的灰兔大夫。

麻雀撞破蜘蛛网

蜘蛛在爬来爬去,忙着结网。一只小麻雀从这儿飞过,一不小心,撞破了蜘蛛的网。

麻雀知道自己错了,连忙落到一边,抱歉(qiàn)地说:"对不起! 我……我太粗心了。"

看着小麻雀难为情的样子,蜘蛛没有生气,只是摇摇头说:"没关系! 破了我可以再补啊。"说着,继续爬来爬去,织着网。

小麻雀在旁边看着,觉得很奇怪,便问:"你这是干什么呢?"

"结网捉虫呀。"蜘蛛得意地说,"我们捕捉的大多是害虫,我们是对人类有益的动物。"

"你们是怎么捕捉害虫的呀?"

"我们的大家族中,有的是靠四处游猎来捕食的,像狼蛛和跳蛛,他们就不会结网;有的是靠结网捕捉害虫的,如我们园蛛。"

蜘蛛停了一会儿,从尾部抽出一根长长的细丝,然后接着说:"结网捉虫是我们蜘蛛的特殊本领。你瞧,我们后边有三对突起的小东西,这叫纺绩器。纺绩器里有许许多多的纺绩管,和身体里的丝腺(xiàn)连着。丝腺能分泌(mì)一种液体,从纺绩管上的小孔里流出来,就成为这细长的丝线了。我们的蛛丝有种特殊的黏性,小昆虫碰上了是跑不了的。"

蜘蛛正说得起劲,一只苍蝇飞过来了,撞上了她的网。蜘蛛立即奔过去,给拼命挣扎的苍蝇缚上一道道蛛丝,然后又给他注进毒液。苍蝇挣扎了几下就不动了。蜘蛛美美地品尝起来。

　　小麻雀看着这一切,心里十分佩(pèi)服蜘蛛。他想:"我也应该练习本领,多做好事。"

知识小贴士

　　蜘蛛:蜘蛛是节肢动物门,蛛形纲,蜘蛛目所有种的统称。除南极州外,全世界均有分布。据文献记载,全世界的蜘蛛已知有3821属24055种,中国记载约3000种。

青蛙冬眠了

新年过后,大雪纷纷扬扬下个不停,把大地封得严严实实的。

这一天,小猪的好朋友小羊吉米感冒了,小猪连忙出去挖草根,他要用草根熬(áo)汤给小羊喝。

大森林里白皑(ái)皑一片,树儿们也穿上了白色的大衣,风一吹,咔嚓咔嚓响。小猪穿上厚厚的棉衣,拿着铲子,拎(līn)着篮子,在大雪里深一脚浅一脚地走。忽然,树上传来叫声:"小猪!小猪!你去哪里呀?"

小猪抬头看去,原来是喜鹊大婶(shěn)。

"我去挖草根给小羊治病。"

"草都枯死了呀,去哪儿找啊?"

"可是,草根埋在土里,是不会冻死的,要不都说'春风吹又生'呢。"

"有道理!说得对!"喜鹊大婶连连点头。

"喜鹊大婶,您在干什么呢?"小猪问。

"找吃的呀。"喜鹊大婶回答,"天气冷,虫子冻死了,我吃不着;雪很厚,又找不到地上的谷子。唉,只有找一找树上的果实了。"

"你为什么不去南方越冬呢?"

"喳(zhā)！那可不行，只有候鸟才去呀。我们和麻雀一样，都是留鸟，是不去南方的。"

"那你为什么不储藏食物呢？"

"是呀，早知如此，秋天我们也不会贪(tān)图享受，现在后悔莫及了。你看，小松鼠储藏那么多食物，现在多舒服！"喜鹊大婶看上去有些懊(ào)悔。

"像小狗、小猫、老牛和小马他们多好！农民伯伯给他们造房子，送吃的。"喜鹊大婶接着说，心里愤愤不平，"可苦了我们！"

接着，她又恨恨地飞到另外一棵树上，使劲地敲着树枝。树枝咔咔作响，雪和冰咚咚地往下落，她好不容易才找到了一粒小果果。

见喜鹊大婶忙着找吃的，小猪继续去找草根了。他走到了一个小坎儿，坎下露着瘫(tān)软的枯草。小猪放下篮子，挖了起来。挖着挖着，小猪发现了一个洞，洞很小，但很深。小猪趴(pā)到地上看，里面黑乎乎的，毫无动静。小猪接着挖，突然发现洞里躺着个小东西，凑近一看，啊，原来是只小青蛙！

"青蛙弟弟，真对不起！我把你的家弄坏了。我不是故意的。"小猪这才明白挖错了地方，连忙向小青蛙道歉。可是小青蛙一动不动。

"他准是睡着了。"小猪心想。

于是他又提高嗓门喊："青蛙弟弟！青蛙弟弟！"

小青蛙还是没动。

　　小猪凑上去拍拍他,又拉了拉他的脚,他还是一动不动。小猪以为准是自己的铲子弄死了小青蛙,吓得大声哭叫起来。

青蛙是不是死了

青蛙这是冬眠了

　　听到了哭声,喜鹊大婶急忙从远处飞了过来,问小猪出了什么事。小猪哭着把刚才的事情说了一遍。喜鹊大婶听完,不禁哈哈大笑起来。

　　"你笑什么呢?"小猪一边流泪,一边奇怪地问。

　　"小青蛙好好的呢!"喜鹊大婶说,"他这是在冬眠。"

　　"冬眠?什么是冬眠呀?"小猪更奇怪了。

　　"小青蛙和蟾(chán)蜍(chú)、蛇、乌龟一样,能不吃不喝睡一个冬天。春天暖和了,他们又会醒过来。这就是冬眠。"

　　小猪听了喜鹊大婶的话,不再哭了。他感到很惭愧,没想到喜鹊大婶也有这么多的学问。他连忙把小青蛙的洞修补好了,继续刨草根。

可以理解的"杀手"

啄木鸟正在树干上"笃笃"地啄着,小麻雀突然飞过来,大叫着:"不好了! 不好了! 森林里出现杀手了!"

啄木鸟一听这话,立刻停止工作,转身飞到麻雀的身边问:"快说说是怎么回事!"

麻雀停到树枝上,慌慌张张地说:"狼蛛先生被狼蛛太太杀了! 我亲耳所闻,绝对真实。"

"狼蛛先生和他太太不是刚结婚的吗? 他们关系一向挺好啊,怎么会出现这种事?"啄木鸟不解地问。

"是啊,是啊!"麻雀说,"如果不是我亲耳所闻,我也不会相信的呀!"

"走,这事我们一定要查个水落石出!"啄木鸟说着,让小麻雀带路,径(jìng)直向森林另一边飞去。

"你能把你知道的情况大致描述一下吗?"啄木鸟边飞边说。

"这两天,狼蛛先生都在忙着织网。"麻雀说,"我问他干吗这么辛苦地工作,他一脸兴奋地说,他要结婚了。可我今天去找狼蛛先生的时候,他却不见了。我问狼蛛太太,她说,他们昨天刚结婚,她已经吃掉狼蛛先生了,让我以后不用再来找他先生。"

"这狼蛛太太也太恶毒了!"啄木鸟忿(fèn)忿地说。

很快,他们就飞到了一棵大树边。

"树下的草叶间有一张漂亮的网，那就是狼蛛家。"麻雀用翅膀指了指。啄木鸟看到了，狼蛛太太就平静地趴(pā)在网上，像是在休息，一点也没有伤心的表情。

啄木鸟飞过去问："你就是狼蛛太太吧。我是负责这里安全事务的啄木鸟。"

"噢，你好！见到你很高兴。"狼蛛太太微笑着说。

"你杀死了你的丈夫狼蛛先生吗？"啄木鸟直截(jié)了当地问。

"是啊，这事怎么传得这么快！"狼蛛太太呵呵一乐说。

"亏你还笑得出来！真是个无情的杀手！"啄木鸟一脸怒气，"现在，请你把过程说清楚。"

"你今天早上自己说的，现在可不要撒(sā)谎！"小麻雀补充道。

"干吗这么大惊小怪的。"狼蛛太太依然一脸平静，"我们一结婚，我就吃掉了他。事情经过就这么简单。"

"你为什么这么做？你们俩发生什么事了？"啄木鸟和麻雀异口同声地问。

"我们很恩爱，什么事也没发生。他是自愿、主动让我吃掉他的。"狼蛛太太慢声细语地说，"其实，这都是为了我们的孩子将来能健康成长。"

狼蛛太太的话说得啄木鸟和小麻雀面面相觑(qù)，一头雾水。狼蛛太太看出了他们的不解，接着解释道："你们仔细看，网上有许多小小的卵(luǎn)，那就是我和狼蛛先生的孩子。他让我吃掉他,就是为了我身体营养充足,好养育我们的宝贝。"

狼蛛太太说到这儿,脸上浮现出忧伤的表情。

"这是我们狼蛛的习性,也是种族繁衍(yǎn)的需要,我也没办法呀。"狼蛛太太无奈地补充道。

啄木鸟和小麻雀飞到网前,用放大镜仔细地看了好一会儿,他们这才发现,网上确实有许许多多的卵。

他俩飞到树枝上,商量着下一步的办法。

"她不像在说假话。"小麻雀这时反倒有点同情狼蛛太太了,"现在看来不能把她关起来,否则她的孩子可就完了。"

"你说得对。"啄木鸟说,"狼蛛是蜘蛛的一种,善于捕杀害虫,食虫量还相当大,在消灭害虫中能够起到不小的作用,是一种有益动物呢。"

停了停,啄木鸟接着说:"我看这不是一起简简单单的谋杀案。这样吧,我们还是先回去查查资料,再想想下一步的行动。"

"好吧。"小麻雀说。

于是他们快速飞向动物博物馆,上网查阅资料。

资料显示:狼蛛平时过着游猎生活,一到繁殖(zhí)季节,雄狼蛛总是百般讨好雌(cí)狼蛛,大献殷勤。他们多数在地面、田埂、沟边、农田和植株上活动。因善跑、能跳、行动敏捷、生性凶猛而得名。

"这名字是不怎么好听啊。"小麻雀边看电脑边说。

另一则资料显示:狼蛛求偶(ǒu)时,先纺织一个小的精网,把精液撒在上面,然后举着构造特殊的脚须捞取精液,含情脉脉地靠近雌蛛。在靠近雌蛛前,雄蛛在远处不断地挥舞脚须,如果雌蛛伏着不动,雄蛛就靠近雌蛛进行交配,雄蛛用脚须把精液送进雌蛛的受精囊(náng)中。一旦交配完成,他就会被雌蛛吃掉,成了短命的新郎。

"果然如狼蛛太太所说,这是他们的习性啊。"啄木鸟一边仔细地盯着电脑屏幕,一边说。

而下面的资料更让啄木鸟和小麻雀唏嘘不已:雌狼蛛抚养子女可谓体贴入微。她产卵前先用蛛丝铺设产褥(rù),将卵产上后又用蛛丝覆盖,做成一个外包"厚丝缎"、内铺"软丝被"的卵囊,以防风避雨。为了防止意外,狼蛛干脆把卵囊带在腹部下面,用长长的步足夹着它随身带走。小狼蛛出世后,雌蛛更是爱护备至。孩子们纷纷爬上母亲的背部或腹壁,由母亲背着到处巡游、狩猎。这样,要持续到幼蛛第二次蜕(tuì)皮后,雌蛛才肯放心地让孩子们离开自己,各自谋生。

不好了! 不好了!
森林里出现杀手了!

他们看完资料介绍,都沉默了。

"我们还是不要打扰她哺育孩子吧。"啄木鸟轻声说。小麻雀点点头。

燕子学本领

大家都知道"群鸟学艺"的故事:凤凰教鸟儿们学习搭窝,只有小燕子听得最认真,能坚持听到最后,学会用嘴衔(xián)来羽毛、树叶、枯草,混上自己的唾液,和着泥做个像碗一样的巢,下面还要垫上细草根和羽毛,而且巢是筑在屋檐(yán)下或是横梁上,这样的巢结实又安全。

后来凤凰又开了几期讲座,教大家学更多的本领。每一期都有不少鸟儿来听,小燕子更是期期参加,而且是听得最认真的一个。

第一期凤凰讲的是怎样捉虫子。鸟儿们一听,觉得可笑,都说捉虫子谁不会,用嘴啄就是,他们没听凤凰讲几句话,纷纷飞走了。

只有啄木鸟听了一会儿,知道如何敲着树干把树皮里的虫子叼出来。

但最后凤凰讲的是更简便的方法——飞行时张着嘴,把飞虫迎入嘴内,虫子自己就进了嘴里,这多省力、多方便。这时的听众只有小燕子了,所以他学到了真本领,而且主要吃蚊、蝇等害虫。他是益鸟,几个月下来就能吃掉 25 万只昆虫,人们当然都喜欢他,乐意保护他。

第二期凤凰讲的是如何过冬。凤凰说:"如果在原地待着,可以找树上残留的种子或地上人们散落的食物吃。"麻雀听了,觉得这办法简单,拍拍翅膀飞走了。

凤凰又说:"也可以在树缝和地隙中找些昆虫当食物。"山雀想,这谁不会。听到这儿他也飞走了。

凤凰接着说:"如果胃口好,还能吃些浆果、种子什么的,或是改吃树叶,因为针叶树种在冬季是不落叶子的。"松鸡和雷鸟听后觉得是个好主意。他们也飞走了。

凤凰休息了一会儿又讲了起来:"用尖嘴啄的方法,找出潜伏下来的昆虫的幼虫、虫蛹(yǒng)和虫卵是个很不错的办法,就是在冬天也能吃到荤食。"啄木鸟和旋木雀听了点点头,飞走了。

吸取前几次的教训,这回听到最后还有不少鸟儿呢。小燕子当然也在其中。凤凰看了看小燕子他们,满意地笑笑说:"你们要是怕冷,或是想吃更丰富的食物,就飞到南方去,做候鸟。秋风吹来、树叶飘零时,就飞向南方过冬,去享受温暖的阳光和湿润的天气,那儿也不缺食物;到第二年春暖花开、柳枝发芽时,再飞回来生儿育女、躲避炎热。

小燕子听得很认真。而且凤凰还告诉他:"在夜深人静时迁飞最安全。迁飞前要记住巢的位置,来年再用,省时又省力。"现在,小燕子练就了惊人的记忆力,无论迁飞到哪儿,他们都能顺利地返回故乡,找到旧巢,或是建一个新巢。有时不识好歹的麻雀会来强占他们的巢,他们会群起而攻之;实在赶不走,就衔(xián)来泥土、树枝,封死巢穴。

凤凰见小燕子是真正好学的鸟，又传授他找水源的本领。如果你看到小燕子把羽毛插到某个地方，那儿一定能挖出水来。

"莺(yīng)啼燕语报新年"。阳历新年后看见小燕子飞来，就预示着春天来了。你看他，体态轻盈，身体上部是蓝黑色的，下部白色没有条纹，胸部还有黑色横带，尾巴像两把锋利的镰刀，多漂亮呀！

知识小贴士

燕子：鸟类，分为雨燕、楼燕和岩燕等种类。其翅膀很长，尾巴像张开的剪刀，羽毛黑色，嘴边羽毛和脚部呈橘红色，腹部白色，喜欢在民居房的角落或民居房的灯泡上方筑巢。

树枝枯萎的秘密

　　小猪和小羊一直负责管理池塘边的树木。这天,他们闲来无事,在池塘边玩捉迷藏游戏。池塘边的一排柳树迎风摆动着枝条,像一群正在跳舞的小姑娘,让人看了赏心悦目。

　　突然,跑在前面的小猪停下脚步,大声叫着小羊:"快来看呀! 这边三四棵树都有枯枝,是谁干的坏事呀! "

　　小猪连忙跑过来。果不其然,一连三四棵柳树都有不少枝条枯萎(wěi)了。

　　"我们一定要找出原因,这是我们负责的区域,决不能出现这种事! "小猪说得很坚定。

　　小猪和小羊仔细地观察周围的环境,可这几棵离池塘的远近、地面环境,与别处并无不同,他们没有发现什么有价值的线索;观察这几棵树的主干,也没有人为破坏的痕迹,根部地面也没有动过的迹象。

　　可就在他们拨动那几根枯枝的时候,几只受惊的蝉(chán)"知——"地飞走了。

　　此时正值夏季,有蝉鸣是再正常不过的事了。但细心的小羊还是感觉到了蝉与枯枝的联系。

　　"我觉得这可能与蝉有关。"小羊对小猪说,"我曾经看过介绍蝉的生活习性的书,这家伙可不是什么好东西。"

"蝉不就是我们常说的知了吗？"小猪说，"我觉得它们挺好的呀，我们在玩，那些蝉姑娘还拼命地为我们歌唱凑热闹呢。"

"哈哈哈！"小羊大笑起来，"什么蝉姑娘唱歌呀！唱歌的都是蝉先生，蝉姑娘可都是哑巴啊。"

"不会吧？"小猪才不相信呢，"哪有先生唱得比姑娘们好听的，姑娘们天生就有一副好嗓子。"

"这你就不懂了。"小羊解释道，"会鸣叫的都是雄蝉，它唱歌用的也不是嗓子，蝉可没有嗓子。但它的腹基部有发音器，它之所以会叫，是因为肚皮上有两个叫音盖的小圆片，音盖内侧有一层透明的叫瓣膜(mó)的薄膜，像蒙了一层鼓膜的鼓。鼓膜受到振动就会发出声音，扩音器可以用来扩大自己的声音，音盖就有这种作用。音盖和鼓膜之间是空的，能起到共鸣的作用，所以雄蝉的鸣叫声特别响亮。而雌蝉的肚皮上没有音盖和瓣膜，雌蝉当然就不会叫啦。"

停了停，小羊接着说："生物学家法布尔还发现一个有趣的现象：气温低于 32 摄(shè)氏度，蝉一般就不鸣叫了。蝉鸣和天气还有密切关系呢。蝉鸣，表示天气晴；下雨天，蝉不会鸣叫；雨中蝉鸣，预示天气要晴；蝉白天过早结束鸣叫，说明秋季转凉也会早些。"

"原来是这样啊，你懂得真多。"小猪不好意思地说，"看来还是蝉先生对我们好，知道为我们歌唱。"

"你又弄错了。"小羊说，"蝉先生可不是为我们歌唱，它是为蝉姑娘在歌唱。它每天拼命地唱，目的是引诱雌蝉来和自己交配。它们交配后，雌蝉会在树的嫩枝上用像针一样的产卵(luǎn)管刺破树皮，扎出一个个小孔，把卵都产到孔里，几星期后，雄蝉和雌蝉就会死去。"

"噢，原来是这么回事。"小猪若有所思地点点头。

"现在，我觉得我们已经找到使树枝枯萎的原因了。"小羊进一步分析道，"雌蝉刺伤嫩树枝，枝条会因为水分供应不上而枯萎。在阳光灿烂的日子里，雌蝉喜欢在枝叶繁(fán)茂的柳树、苹果树等树上产卵，当年生的嫩枝条更是它们喜好的场所，产卵后受伤的树枝很多在 3~10 天内就会枯萎。枯萎枝条上的卵会借风雨的作用跌落到树下，被慢慢埋进土里。"

"真的吗？"小猪还是将信将疑，"我们应该找出证据来，可不能随便冤(yuān)枉它们。"

"好，我们去取高清摄像机，认真观察几天，也好让你长长知识。"小羊说。

一不做，二不休。于是他们找来了高清摄像机，安装到那几棵树旁。

经过几天仔细观察，他们惊奇地发现，那些蝉会用针一样的口器吸食着树汁，雌蝉们刺破树皮，扎出一排小孔，产下很多卵粒，颗粒状的卵粒附着在树枝上。他们数了一下，一根树枝上有蝉卵 50~100 粒。

观察回来后，他们开始查找资料，这让他们又有了一些新的发现。

资料上说：那些幼虫从卵里孵(fū)化出来，停留在树枝上，借助风雨掉到地面，一到地面，它们立即往土壤里钻，钻到树根下，开始吸食树根液汁。蝉的一生可分为卵、若虫和成虫三个阶段，经2~3年或许更长一段时间，若虫才会生长发育成熟。从若虫到成

虫要经过五次蜕(tuì)皮，其中四次是在地下完成的，最后一次，它会钻出土壤，爬到树枝上蜕去浅黄色的干枯的壳，于是变成了成虫。成虫从空壳中钻出来，就能牢固地挂在树上。但蝉蛹(yǒng)必须垂直面对树身，成虫的两翅才能正常发育，否则会引起翅膀畸(jī)形发育。成虫仍然依靠吸食树木汁液为生。但蝉也并非一无是处，蝉蜕下的壳能做药材；蝉营养丰富，当小吃也很不错呢。

　　"现在，我们又有事儿做了。"小猪看完资料对小羊说。

　　"去抓树上的蝉，是不是？"小羊补充道。

　　"对！马上去吧。"小猪说得很坚决。

谁吃掉了蜗牛

最近，菜园边和草地上接连发生多起蜗牛被吃案件，但一直查不出是谁干的。昆虫和其他动物议论纷纷，互相猜测。但大家觉得最值得怀疑的是螳(táng)螂(láng)。他一向性格不好，特别好斗，是肉食性昆虫，谁看到他的两把大刀都害怕。

为了查清案件，以正视听，螳螂出面了。他说："虽然我喜欢猎捕各类昆虫，但主要是一些害虫，我是个有正义感的益虫。蜗牛被吃绝对不是我干的。"

螳螂先查蜜蜂。蜜蜂正在采花粉酿蜜，他一听螳螂要查问这件事，笑着说："我们只采花粉，吞吞吐吐几百次才能酿出香甜的蜜，哪有工夫害别人。再说，我们对蜗牛的肉一点兴趣也没有。"

螳螂觉得蜜蜂说得有道理，便顺便问同样在花丛中飞来飞去的蝴蝶。蝴蝶更觉得好笑，说："我们是以花朵中的花蜜为主要食物的，和蜜蜂一样还有传粉作用呢。我们的幼虫虽然嚼食植物的叶子，但不会吃蜗牛的。"

螳螂正准备走的时候，一只蜻蜓主动说话了："螳螂，你也别问我们了，我们主要捕食蚊类、小型蛾(é)类等，小时候生活在水里，吃蚊子的幼虫等。长大后只是吃一些小昆虫，会用前面的四条腿把虫子包起来，然后吃掉。但我们在白天飞行，晚上休息，而那些蜗牛据说是晚上被吃掉的。因此，这事跟我们没关系。"

蜻蜓的话倒提醒了螳螂,蜗牛是在晚上遇害的,那么晚上出动的蚊子就是最值得怀疑的了。螳螂先找到了雄蚊子。雄蚊子倒坦然,他说:"我们只爱吸食花蜜和果汁,对动物的血都不感兴趣,别说是吃动物的肉了。"螳螂

接着来问雌蚊子。雌蚊子一开始紧张了一下,但一听是来查蜗牛被吃的事,她不紧张了,说:"我们在受孕阶段的确必须要吸人和动物的血,但不喜欢吃肉啊。我们休眠时即使不吸血,也能活三四个月呢。"

螳螂于是来问苍蝇。苍蝇冲头冲脑地说:"我们中有的专门吸吮花蜜和植物的汁液;有的像我们家蝇一样,喜欢吸食人和动物的血液或者眼、鼻的分泌物。我们也是白天活动,晚上休息的。"

螳螂正要离开时,听到了"知——"的叫声,他知道,那是蝉在叫,蝉能把像针一样中空的嘴刺入树体,吸食树液。他也是白天活动,晚上休息的。因此,螳螂没再问蝉了。

螳螂来到菜地,正好遇见了七星瓢(piáo)虫。七星瓢虫摇摇他那像小棍一样的触角说:"我们瓢虫有的吃植物,也有捕食危害农作物的蚜虫等小虫子的——就像我一样。但我们没法去吃蜗牛呀。"

　　螳螂查问这么多昆虫都没有结果,有些着急了。就在这时,一队蚂蚁经过他面前。他连忙叫住他们。螳螂知道,蚂蚁吃腐(fǔ)烂的尸体、死昆虫、少量菌类和蚜虫,特别爱吃甜的东西。他们是世界上控制害虫作用特别大的动物,因为他们数量最大,种类最多,分布最广。蚂蚁多,自己要吃的和喂宝宝们吃的东西就多,捕食害虫的数量就大。他们每年能捕食大量的农作物和树林中的害虫,成为害虫的第一杀手。他们无处不在。因此,螳螂想,也许他们见过谁吃过蜗牛。

　　蚂蚁们听完螳螂的来意,说:"这个我们知道,是萤火虫干的。我们亲眼所见。萤火虫是食肉类生物,幼虫阶段主要吃蜗牛、田螺和贝类。你别看他们的幼虫个儿不大,但对付蜗牛很有一套。他们先用针头一样的嘴巴扎在蜗牛身上,给蜗牛注入麻醉剂(jì)一样的毒素,让蜗牛麻醉。接着,他们会给蜗牛注射消化酶(méi),把蜗牛肉化成糊状,然后就一齐用针头一样的嘴吸食肉汁。当然,他们化蛹后蜕变为成虫一般就不大吃喝了,最多只吃点露水、花粉、花蜜什么的。"

　　听了蚂蚁的介绍,螳螂哈哈大笑:"终于弄清真相了,也还了我的清白! 我去找萤火虫算账!"

　　一只蚂蚁忙说:"不用了。蜗牛并不是什么好东西。他们经常晚上活动,喜欢待在阴暗潮湿的地方,身上总是背个硬壳,一旦遇到侵扰,就会把头和足缩回壳里,并能分泌黏液将壳口封住。他们主要吃瓜果蔬菜。萤火虫吃掉他们没什么不好。"

　　"虽然这样,我也要和邻居们说清楚。"螳螂点点头走了。

昆虫过冬的办法

　　"天气预报说了,近期气温将降到 10 摄氏度以下,请各位昆虫做好防寒准备,选择好过冬方式。"小蚂蚁把消息写好,要给昆虫们送去。

　　小蚂蚁没走多远就看见一只正在挖地洞的小甲虫。小蚂蚁上前说:"人会准备衣物御(yù)寒,有的鸟会去南方过冬,有的鸟和家禽会换上厚厚的羽毛保暖,松鼠会储(chǔ)藏食物躲在洞里吃,你们街坊邻居做好准备了吗?"

　　小甲虫见蚂蚁这么关心昆虫们,很感动,说:"谢谢你啦!我们过冬的办法也很多。43%的昆虫会以幼虫的方式过冬,以蛹过冬的占 29%,以成虫过冬的占 17%,还有 11%是以卵过冬的。我们的准备工作做得都很早。我们前一段时间吃得很多,就是要让身体增加脂肪,长得壮实。我们昆虫属于变温动物,天一热就往阴凉的地方跑,天一冷就躲到较暖和的地方,这叫趋(qū)温性。这样吧,我领你去看看大家是怎么过冬的。"

　　小蚂蚁觉得小甲虫说得很有趣,就跟着他一起往前爬。

　　他们没走多远,就看到一群瓢虫正排着队向墙缝(fèng)、草堆等处爬。

　　"看到了吧,他们是要找暖和的地方住下呢。"小甲虫解释道,"有的会躲到土壤中,有的会钻到树皮下、树干中,有的躲进田野、林间的枯枝落叶堆里过冬。你明白什么叫趋温性了吧。"

小蚂蚁听了点点头,觉得他们还真聪明。

小甲虫首先带他看蝗(huáng)虫、蝈蝈、螳螂、蟋蟀这些直翅目昆虫。只见螳螂把卵鞘(qiào)贴到树干的侧枝上——她正在产卵呢。蝗虫挖好了一个几厘米深的洞,正用泡沫状的胶液包裹(guǒ)刚产下的卵。

见蚂蚁和甲虫爬来了,蝗虫笑笑说:"我们都是以卵的方式过冬的昆虫,我正忙着呢,也没工夫陪你们。"说着,她用后足快速地刨(páo)着土,把洞口填好,还用前足用力地踏了踏。感觉结实了,她才停了下来。

见蚂蚁露出好奇的表情,蝗虫说:"我们的产卵管挺结实的,产卵的同时能挖出个小洞。"

蚂蚁再仔细看看附近的几只昆虫,还真是这样。蝈蝈的产卵管就像马刀,蟋蟀的产卵管如同倒拖的长矛。

他们正说着话,一只蝴蝶和一只蛾子飞来了。小甲虫叫住了她们,说:"你们都是以蛹的方式过冬的昆虫,正好可以给蚂蚁兄弟介绍一下。"

蝴蝶停到小草上,说:"我正要去产卵呢。我们一般会选择在向阳、避风的篱笆、植物秆上产卵,先吐丝,把尾部同物体粘住,再产卵做成蛹。"

蛾子扇扇翅膀说:"我们一般把卵产到地下,做成蛹,在地下茧(jiǎn)中过冬。蛹的外面有硬壳,里面有丰富的脂肪,过冬没问题。"

听完他们的介绍，他俩接着往前爬。在一棵树下，他们看到了一只刺蛾正用嘴吐着丝，再缠(chán)绕着，做成了一个球形的小东西。

小甲虫说："她叫刺蛾，我们经常叫她'洋辣子'。她在做茧呢，幼虫就在这里面过冬。她把茧粘在树杈上，茧硬得像个小石头。她就是以幼虫的方式过冬的。另外，像天牛幼虫冬天会生活在树干里，金龟子幼虫躲在泥土深处过冬，马尾松毛虫就在松树皮的缝隙里越冬。"

"那么，以成虫越冬的有哪些昆虫呢？"蚂蚁还想了解第四种过冬方式。

小甲虫说："像我们中的一些，就是在土中或墙缝里过冬的；'花大姐'瓢虫也是在树缝、石块下或土里过冬的。不少蚊子和蝇类的成虫也是，天一冷他们就躲到阴暗无风的角落，一暖和他们还会出来嗡嗡叫；而他们中有一部分也是以幼虫和蛹来过冬的。"

这一天，蚂蚁长了不少知识。回家的路上，他突然想到一个好主意：可以利用害虫越冬的机会，除掉害虫产卵的杂草，清除蚊蝇孳(zī)生地，让小动物少受伤害，健康生长；还可以收集像螳螂这些益虫的卵鞘，让他们来年消灭害虫。这多好！

刺 猬 之 死

刺猬获得动物界第三十届"捕鼠能手"称号没几天,就莫名其妙地死了,而且全身上下没有任何外伤。

动物警察局侦探所的黑狗探长来到刺猬家,他仔仔细细地查看,没有发现任何蛛丝马迹。检查他家的物品,一件不少,也不像是谋财害命。

这可让大名鼎(dǐng)鼎的黑狗探长为难极了。他回到办公室,绞尽脑汁想着每一个细节。

他茶饭不思,左思右想了两天,又一遍一遍地翻看着现场图片和相关资料,也没发现什么有价值的线索。

黑狗探长累得实在不行,躺到了椅子上,自言自语道:"刺猬每年会捕食大量的有害昆虫,可是一种有益动物啊!"

想到这,他又起身翻看起刺猬的档案资料来。

资料显示:刺猬喜欢住在灌木丛、山地森林、草原、农田里,属杂食动物,植物的茎叶果实、昆虫、老鼠,甚至是蛇,他都吃过。它最喜爱吃蚂蚁与白蚁了,因为他有非常长的鼻子,触觉和嗅(xiù)觉都很发达,还会用爪挖洞,所以只要嗅到地下食物,他就将长而有黏性的舌头伸进去一转,便能获得食物。

刺猬身体又肥又矮,眼小,头部、尾部和腹面长着短毛,体背和体侧都布满短而密的棘(jí)刺;具有尖齿和锐利的爪子,食虫方便;尾巴短小,吻部又长又尖。对付敌人时,他会竖立全身的棘刺,卷成一个刺球,敌人就看不到他的头和足了。

刺猬会游泳,夏天怕热,冬天会冬眠。他爱在枯枝和落叶中冬眠,冬眠时间会长达 5 个月,体温甚至会下降到 6℃,这时他就是世界上体温最低的陆地动物了。刺猬清醒时每分钟心跳约 200 次,冬眠的时候就只有差不多 20 次了。

刺猬性格孤僻(pì),不爱和别人打交道,昼伏夜出,喜欢安安静静独自呆着,还怕光亮、怕惊吓。他的交际面并不广,做事谨慎,又不张扬,会有谁谋害他呢?再说,他的防卫能力也很强,遇到敌害时,他能将身体蜷曲成圆球,将刺朝外,保护自己。黑狗探长怎么也想不明白。

就在黑狗探长苦思冥(míng)想,不得其解的时候,他的助手高个子黄狗走了进来。黄狗建议把刺猬的主要天敌找来,一一排查。

"这样做虽然有些费工夫,但比较有效;况且现在我们也想不出别的办法。"黄狗说。

黑狗探长点了点头。

很快,刺猬的主要敌人——貂(diāo)、猫头鹰、狐狸、黄鼠狼都被叫来了。

首先审问貂。貂说:"我的窝筑在沟谷里的乱石中,离这儿还比较远呢。我虽然一般在夜间活动,但这几天我都没到刺猬家这边来。"很快,有几种小动物都站出来给他作证。

然后审问猫头鹰。猫头鹰说:"我也是昼伏夜出的动物,也确实是刺猬的敌人，但这次真的不是我干的。你们想，如果我从天空冲下来，啄到了他，那他身体上一定有伤痕。"

黑狗和黄狗相互看了一眼，觉得他说得也有道理。

接下来审问的是狐狸。狐狸一脸不满，大声叫嚷："怎么可能是我呢？我每次想吃他，他都会缩成一团，把刺竖起来，变成一个刺球儿，我哪敢下嘴呀。"

"但你有尖尖的吻，会巧妙地钻到刺猬的腹部，再把他抛向空中，他重重地坠落地面，会受到冲击，自行松开刺球，露出肚皮，你会狠咬一口，要了他的命。"黄狗这样分析。

"亏你还是探长的助手！"狐狸不满地说，"你也不看看，我这样做，他身上能一点儿外伤没有吗？"

"还有……" 黄狗一直就怀疑狐狸，"你曾经在他身上撒过尿，让他难受，他展开了身体，然后你再攻击他。"

"那么，他身上有尿味吗？你去闻闻！"狐狸理直气壮地说，"不动脑筋想想，什么坏事都想往我身上推！"

"别说了。"黑狗探长打断了他们的争论，"谁叫你平时不多做好事呢。这次我相信你，我也觉得不是你干的。"

"这还差不多。"狐狸边说边看了一眼黄狗。

那么，现在黄鼠狼的嫌(xián)疑就最大了。因为黄鼠狼有过前科：他曾经对着刺猬无从下嘴，就使出绝招——对着刺猬放臭屁，结果把刺猬熏(xūn)晕，刺猬松开身体，他就咬开了刺猬的肚皮，手段非常残忍。

黄鼠狼听了黑狗探长和黄狗的分析，连连摇头说："这回真

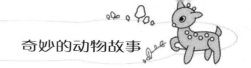

的不是我干的！"但他即使有一千张嘴也讲不清了。

"刺猬中毒而死的可能性非常大，也同你放了过量臭屁毒死他的特征十分吻合。如果是你干的，你还是早点承认为好。"黄狗分析得头头是道。

"我真是跳进黄河也洗不清啊！但我真是冤枉的啊！"黄鼠狼急得直跺脚，一遍遍说着这样的话。

过了一会儿，黑狗探长把黄狗拉到一边，他俩商量起来。

探长说："刺猬确实像是中毒死的，但可能是他被蛇咬中毒死的，因为伤口太小，我们没发现；还有可能是吃了有毒的老鼠中了毒。"

黄狗也点点头："刺猬是蛇的天敌。我亲眼看到过一次他捕食眼镜蛇的惊险场面。那天，刺猬发现了草丛中的蛇，并没有急切地扑上去，同蛇撕咬，而是躲在草丛里，静静地等着蛇爬到身边。他接着慢慢地把身体蜷（quán）起来，弓起背，猛一蹬腿，腾空跳起来，把刺扎到蛇身上。蛇疼得不停地扭动着。过了一会儿，蛇似乎发怒了，高昂着头，张着嘴，露出毒牙，吐着芯子，喷出毒液。刺猬才不理会他那一套，任蛇怎么咬，就是不松开。蛇咬了一会儿，一点效果没有，反而使自己满嘴流血，疼得不停扭动，直到筋疲力尽。这时轮到刺猬发威了，只见他滚了几下，狠狠地扎着蛇的肚子和七寸（约 23 厘米），扎得蛇浑身是血，无力反抗。然后他用嘴

和爪子撕咬蛇的肚子，美美地吃掉了蛇。"

　　探长听得入了迷，好一会儿才说："这事我也听说过。我还听说他吃老鼠的事呢。我在想，会不会是老鼠吃了有毒食物，他又吃了老鼠，结果也中毒了。我建议还是化验一下，看他到底是不是中毒身亡；如果是，分析一下中的是什么毒。"

　　黄狗觉得探长说得有道理，点点头。

　　"我们不会冤枉一个好动物。"探长又走到黄鼠狼面前说，"我自有办法弄清真相。"

　　第二天，化验结果出来了。刺猬这几天并没有吃老鼠，吃的主要是植物的茎叶和果子以及各种虫子。体内还有很多没有完全消化的虫子呢。而他体内也并没有蛇毒，同时也排除了黄鼠狼臭气让他窒(zhì)息的可能。

　　可在他体内却发现了一种有毒杀虫剂和少量农药的成分。结论是显而易见的：刺猬误食了被杀虫剂杀死的虫子和喷洒农药的茎叶果子而中毒身亡。

　　黑狗探长沉默了，刺猬可是有益动物啊，他常在夜间活动，能吃掉很多昆虫和蠕虫，一晚能吃 200 克虫子，是消灭害虫的能手。他还有适应环境变化的本领，发现味儿特别浓的某些植物，会咀嚼(jué)植物涂到自己的刺上，保持自己与周围环境的气味一致，有时涂点有毒物质，还能对付敌人呢。而这次害死刺猬的却是人类，多不应该啊！

　　黑狗探长公布了结果，也洗清了黄鼠狼的嫌疑，动物们也不再相互猜疑了。

杀害山羊的凶手

黑狗探长正坐在桌边看网上新闻,突然,他的助手机灵猴跑了进来,大叫起来:"不好了!不好了!羊太太报告说,她的先生高个子山羊昨天傍晚失踪了!"

黑狗探长噌地站起身:"快叫羊太太进来!"

羊太太号啕大哭着进来了:"怎么办啊,我的先生不见了!你们快帮我找找!"

"别着急,羊太太。"黑狗探长一边给她倒水,一边安慰她,"你快说说他是怎么不见的。"

"昨天傍晚,他说他要出去找点嫩水草吃,也好探探路,准备今天带我们吃带露水的嫩草。可他就再也没回来了!"羊太太抽泣着,"我和孩子从昨天晚上一直找到现在,连他的蹄印儿也没见着。他从来不乱跑。听说最近森林里来了狼和鬣(liè)狗,会不会出什么事啊!"

羊太太说完,又大哭起来。

黑狗探长赶紧从电脑中调出羊先生的照片和蹄印图片,并打印了一份,安抚好羊太太,带着机灵猴出发了。

他们询问了不少动物,马和小鹿都说看到过他沿着河边走,还和他打了招呼呢。

"我们这儿能吃掉羊的,只有狼和鬣狗。我看,我们还是先调查一下他们。"机灵猴建议。

"说得对,我也是这么想的。"黑狗探长说。

他们首先找到狼家。狼先生和他的太太正带着两只小狼做捕猎的游戏。他家门前的桌子上摆着好几根吃剩下的骨头。

机灵猴一看,指着狼喝问:"你们怎么又去偷猎山羊了?"

狼先生被问得莫明其妙:"我们偷猎山羊可是几年前的事了,不是处罚过我们吗?怎么又来追查这事啊?"

"别装了!"机灵猴不客气地说,"羊先生昨天失踪了,肯定又是你们干的。你看,吃剩的骨头还在呢。"

"这可是猪骨头,是人们用车子送来的。"狼太太连忙解释,"自从有人投喂我们,我们可是老老实实做动物,从没伤害过别的动物。偶尔出门打猎,也是吃点野外的老鼠什么的。"

黑狗探长走上前,闻了闻,果然是猪骨头。他又用检查仪测了一下狼的口气,证明他们确实只吃了猪肉,并没有吃过羊肉。

于是,他们又找到了鬣狗。鬣狗倒是很爽快:"你们是来调查羊先生失踪案的吧?这个我知道。"

"是你吃了他?"机灵猴劈头盖脸地问。

"别把不好的事都往我头上赖!"鬣狗白了机灵猴一眼,"告诉你们,他是失足掉进河里淹死的。"

"是吗?他那么大的个子,会淹死?"黑狗探长显然不相信。

"这可是我亲眼所见。我昨天傍晚在树林里散步,看见羊先生沿着河边走。就在转弯的地方,突然听见哗啦啦的声音,我跑过去一看,只见水面掀(xiān)起波浪,羊先生不见了。反正以我的力气和水性也没有办法,我很快就走开了。"鬣狗描述着。

"既然是这样,那你带我们去看看。"黑狗探长将信将疑。

鬣狗把他们带到河的拐弯处,果然,他们在这里看到了许多蹄印,经过比对,那就是羊先生的蹄印。从水边杂乱的蹄印看,他入水前像是用力跳起,跌进水中的。

黑狗探长亲自下水,找了好半天,根本没有发现羊先生的尸体。

"这就奇怪了,他就是淹死了,尸体应该有啊。"浑身湿透的黑狗探长觉得不可思议。

他们只好折回来,问羊太太最近有没有和她先生争吵过,羊先生近期有没有什么不顺心的事或反常的表现。

羊太太对所有问题都是摇头,说羊先生一直很开心,根本不会自杀。

调查陷入僵(jiāng)局。黑狗探长来回踱着步,回忆着每个细节:羊先生肯定是掉进了河里,因为他的蹄印到水边便不见了,而且河对岸和其他地方都没再出现过他们蹄印,也就是说,他跳进水里后就没再上来过。羊是不喜欢长时间待在水中的。

难道是这条河里出现什么动物吃了他?也不可能呀,自从黑狗探长接管这一带,这条河就是所有动物饮水的地方,从来没有出现过什么动物吃动物的事件。

"但不管怎么说,问题可能就出在河里!"机灵猴听完探长的分析,作出这样的判断。

黑狗探长点点头,又和机灵猴来到河边。

探长用望远镜仔细观察着水面,他的目光在水面一遍遍地扫着。突然,他低声说道:"你看,水面有个黑影!"

机灵猴接过望远镜,也叫了起来:"像是树干!"

不一会儿,那东西不见了;过一会儿,又出现了,而且是向他们这边漂过来。

这一回,黑狗探长看清楚了。"是鳄鱼!快走远点儿!"探长拉着机灵猴就往树林里跑。

"你刚才说'鳄鱼'?它是种什么鱼?"机灵猴问。

探长停下来解释说:"鳄鱼不是鱼,是脊(jǐ)椎(zhuī)类两栖(qī)动物,属于爬行类。鳄鱼还是恐龙家族成员呢,大约在1.4亿年以前就出现了,因为环境大变,恐龙家族中的其他成员后来灭绝了,但鳄鱼顽强地生存下来了,成为'活化石'。它们有的生活在江河湖沼中,有的生活在温暖的海滨。鳄鱼一般身长 4~5 米,有很长的吻、扁形的长尾巴、短小的四肢,全身布满角质鳞片。"

"它不是鱼,可我刚才看它还能潜水呢。"机灵猴没见过这种动物。

探长说:"是啊,鳄鱼是靠肺呼吸的,能在水下待 1 小时以上,但不能在水下呼吸,不能在水中长时间待着,所以每隔一段时间要浮上来呼吸。它眼睛上覆盖着透明的眼睑(jiǎn);在水下咬住食物或咀(jǔ)嚼(jué)时,喉咙会关闭,水不会流进气管;鼻孔里有个盖子,使水流不进鼻腔。它在水里靠尾巴甩动游泳,是个游泳健将呢。"

就在他们说话时,一只小兔路过水边。探长和机灵猴还没来得及叫出声,突然,只听"哗啦"一声巨响,鳄鱼冲上了岸。所幸的是小兔跳得快,只是吓得不轻,没受什么伤害。

小兔跑得没了踪影。机灵猴心有余悸地说:"这家伙进攻真够快的呀!"

探长长舒一口气说:"是啊,它是靠嗅(xiù)觉、听觉和视觉发现猎物,然后潜入水中游过去,等猎物靠近,它会突然袭击。它能冲到岸上,还能腾空而起跳 1.5 米高。它很有耐心,常常潜伏着不动,所以消耗能量少,吃得也少,有时好几个月不吃东西也饿不死。"

鳄鱼上岸后,开始匍匐(fú)行走,一扭一扭的,像只蜥蜴;过一会儿又一次迈一条腿地慢慢边观察边向前走;快到转弯处,它又匍匐奔跑起来,钻进河边树丛中。

"这里从来没出现过鳄鱼呀！这家伙是从哪儿来的呢？"探长决定回去查找它的来历。

为了防止别的动物来到这里，探长在河边竖起很大的警示牌，又通过电台告知了全体森林成员。

广播后不久，水库管理员大象打来电话，说他听说偷猎鳄鱼的人在运输途中丢失过一条鳄鱼，他们很快会派专业人员来捕捉。

探长他们再次来到河边时，鳄鱼正在岸边晒太阳。机灵猴觉得很奇怪。

黑狗探长解释说："鳄鱼是变温动物，身体要靠外界温度来平衡。想凉爽，它会躲到树荫下；想暖和，它会到太阳下晒晒。它不能在烈日下暴晒，那样会使它无法散发体内热量而死亡的。"

机灵猴通过望远镜，看到了鳄鱼在流泪，以为它生病了。

探长说："其实那是鳄鱼在排泄(xiè)体内多余的盐分"。

就在这时，大象和人的养鳄队员们来了。探长和机灵猴迎了过去，并带他们来到鳄鱼休息的地方。

"不好意思，让你们受惊了。"大象抱歉地说，"这是只母鳄。你们看，它还在那边树下做了窝呢，准备下蛋了。它会用嘴收集树叶和草根，用脚和尾巴把它们和土垒到一起。叶子和草根腐烂时会散发热量，正好可以帮助孵蛋呢。"

"样子挺凶的，会不会吃掉小鳄鱼呀？"机灵猴似乎不相信眼前这只鳄鱼会做什么好事。

"你错了！"大象说，"它可是爬行动物世界里非常称职的父母。下蛋后它特别谨慎,总是认真看护着,任何动物和人都不能靠近。鳄鱼一次产下 20~40 枚蛋,小的像鸭蛋,大的像鹅蛋那么大。小鳄鱼出壳后,要依附在母鳄鱼背上找吃的,半年后就能独立活动了。"

说完,大象指挥养鳄队员们用网罩(zhào)住鳄鱼,将它拖上车子。

"鳄鱼全身是宝。它的肉好吃又有营养,皮能做成皮鞋、皮带、皮包等,骨里富含磷(lín)、钾等,内脏能做药,牙能做装饰品。"大象说,"它看起来凶狠,其实胆子并不大,人怕它,它也怕人。它一般不会主动攻击人。你们看过鳄鱼表演吧,它多听话。我们还是把它保护好吧,免得被偷猎的人捕去了。"

看着远去的鳄鱼,黑狗探长和机灵猴心里反而有些难过了,站在那儿看了很久,心中盘算着怎么去安慰羊太太。

知识小贴士

鳄鱼:动物界,脊索动物门,脊椎动物亚门,爬行纲,初龙下纲,鳄形总目,鳄目。其下属还分为 3 种:鼍科、鳄科、长吻鳄科。鳄鱼是迄今发现活着的最原始的动物之一,它是在三叠纪至白垩纪的中生代由两栖类进化而来的。

章鱼妈妈有办法

　　繁(fán)殖(zhí)季节到了,一只栖(qī)息在浅海岩礁(jiāo)软泥处的雌章鱼快要做妈妈了,她每天都在捕食鱼类、甲壳类等海洋生物,为的就是补充营养,好生出聪明漂亮的宝宝。

　　不久,这只雌章鱼就产下了一串串的卵,这些卵就像一串串的葡萄,亮晶晶的,个个圆润饱满。她真的当妈妈了!雌章鱼心里甭(béng)提有多高兴了。这以后,她紧紧地守着这些卵,寸步不离。为了让每个卵都能顺利地发育成小章鱼,她辛苦极了,总是不时地用触手翻动着它们,还要从漏斗中喷着水,挨个儿为它们冲澡。

　　一天天过去,小章鱼终于出世了!望着个个健康的宝宝,她兴奋得流下了眼泪。此时的章鱼妈妈已经累得筋疲力尽了,差点儿晕过去。她清楚地记得,不久前就有一只章鱼妈妈因为过度劳累而死去。

　　小章鱼出世后,不少同伴和朋友都纷纷来向章鱼妈妈表示祝贺。

　　一天,乌贼阿姨也来看她们了。小章鱼们不认识她,还以为她也是章鱼呢,都过来亲热地叫着"章鱼阿姨好"。章鱼妈妈爬过来,笑着说:"你们弄错了,她是乌贼阿姨,又叫墨鱼,但它并不是鱼。她是游泳能手,会喷水快速前进,能游很长的距离,而且速度极快，人们叫他们'海洋中的火箭'。他们的腹内也有墨囊(náng)，遇到危险时会喷出墨汁，迷惑对方，自己便趁机逃跑。"

听妈妈这么一介绍，小章鱼们更感兴趣了。他们要和乌贼阿姨比谁的触手多。

乌贼阿姨乐呵呵地说："你们有8只触手，可我们有10只呢。"

正在这时，一条小鱼游来了，章鱼妈妈只轻轻伸出一只触角，就吸住了小鱼，把它送给乌贼阿姨当点心。

"妈妈好厉害呀！"小章鱼们高兴得舞起触角。

乌贼阿姨也连声夸赞："是啊，你们头顶上有八条触角，像飘带一样，每条上有几百个吸盘，感觉灵敏，小生物只要被吸住，根本逃不掉的。多棒！你们的身体看起来像头，其实真正的头就是眼睛附近的这块。"

送走乌贼阿姨，章鱼妈妈要宝宝们休息。她让一部分小章鱼住岩石缝里，一部分住岩洞中，还有一部分住到她用贝壳、石头垒(lěi)的巢穴里。妈妈要大家睡觉时留下两条触手值班，要不停地向四面摆动，其他触手可以蜷(quán)缩起来。这样，要是有危险的动物碰到守卫的触手，自己就会立即醒来，施放墨汁隐蔽自己。

第二天，他们要过一条很窄的缝隙去找吃的。这不难，因为他们是软体动物，身体非常柔软并富有弹性。可就在这时，章鱼妈妈一不小心被一只大虾咬住，她连忙断落被咬住的触手，逃了出来。但这只虾又追赶上来。章鱼妈妈迅速变色，一会儿是红色，一会儿是棕色，一会儿是紫色，忽明忽暗，把虾弄得晕头转向;见虾没了力气,她又放开触手,把它包围起来;接着喷射墨汁,虾被麻痹(bì)了,一动不动,她和小章鱼们美美地吃起来。

吓得不轻的小章鱼问妈妈:"你的触手断了疼吗?和虾打斗时干吗要变颜色?"

章鱼妈妈笑笑说:"触手断了没关系,明天伤口就能完全愈合,很快又会长出新触手的。触腕断掉后,伤口处血管会极力收缩,不会流血,周围的皮会自行合拢。我们平时是褐紫色的,但和变色龙一样会随环境而改变体色,害怕时会是白色的,愤怒时又是红褐色的,还能变为棕色。我们还有喷出墨液逃生的本领。这些你们都要学着运用。我们还有认路的本领——从不会搞错家在哪个方向的。"

宝宝们为有这样的好妈妈感到十分自豪。

鸟 国 见 闻

1　初到鸟国

甲壳虫"豆儿甲"因为和鸟儿们消灭害虫有功,受到鸟国国王的邀(yāo)请,来到鸟国。鸟儿们还治好了他的伤,他现在能自由地飞行了。豆儿甲高兴地唱起了歌:

蓝天摇着云宝宝,

太阳公公眯眯笑,

大自然多么美好!

我们快乐——

我们是无忧无虑的小鸟,

自由飞翔在大自然的怀抱……

鸟国国王还特地送给他一本书和一张通行证。

豆儿甲翻开书,书是绿色的,有许许多多美丽的图画。上面这样写着:"我们鸟国差不多有 9000 个种族。我们是人类的好朋友。我们鸟国有世界上最好的舞蹈家和歌唱家,还有世界上优秀的捕虫能手和飞行健将……"

豆儿甲激动不已。国王和善地解释道:"我们鸟儿都有美丽的羽毛;我们大多数的前翅变成了翼(yì),以利于飞行,我们没有牙,但有角质喙;我们大都还会下蛋呢。"

"你们的家族真大!"

"是啊。像猫头鹰和鸢 (yuān),是猛禽;像啄木鸟和杜鹃,是会攀爬的鸟;像野鸭和鸿(hóng)雁是会游泳的

鸟;还有会走的,像鸵鸟……真是举不胜举!"企鹅国王高兴地介绍着。

"你们有许多捕虫能手,为人类保护树木和庄稼;鸟粪可以作为肥料;羽毛可以制成许多东西……鸟儿们的好处太多了!"豆儿甲连声夸赞着。

"我们为人类做好事,人类也保护着我们,他们还设有'爱鸟周'什么的活动呢。"

"鸟是人类的朋友,大家都应该保护鸟。"豆儿甲说。

2 去大雁的家

第二天傍晚,红红的太阳顶在西边的山头上,豆儿甲突然看见一条黑色的长带慢慢地向他飘来,他吓了一跳,连忙躲到树梢(shāo)上。一瞧,啊,原来是一群大雁(yàn)飞过来啦。他们在大个儿雁队长的带领下,排着长长的"一"字形队伍,像正在操练的士兵,快速地往前飞。这些大雁都长着棕(zōng)灰色的羽毛,脖颈长长的,腿短短的,样子可爱极啦。

"豆儿甲,你在干什么呢?"豆儿甲正在呆呆地看着,雁队长热情地跟他打招呼。

"你们好!我要回家去!"豆儿甲回答。

"天快黑了,你独自回家不安全。今晚去我们家,明天再回去吧。"雁队长很善良,友好地邀请豆儿甲。

豆儿甲一听,很高兴,愉快地加入了大雁们整齐的队伍。

"你们的队伍真整齐!真漂亮呀!"豆儿甲一边扑扑地飞,一边不停地赞叹着。

"这都是我们坚持不懈(xiè)进行训练的结果。"雁队长说,"我们有时飞成'一'字形,有时还能飞成'人'字形呢。"

他们一边飞,一边聊(liáo)天,不知不觉就来到了小湖的上空。

"我们到家啦!"大雁们兴奋地叫起来,纷纷向湖边的芦苇飞去。

豆儿甲一看,在湖边的芦苇里,有许许多多小草窝,都是用芦苇和草做成的。原来,这些就是大雁们的家呀!

雁队长把豆儿甲请到自己的家来做客。他衔(xián)来许多树根、树茎、种子和小虫儿,他要好好地招待小客人。

吃过晚饭,大雁们要睡觉了。雁队长飞到四周巡(xún)查了一遍,又派四名巡逻(luó)兵在四面站岗放哨。

"雁队长,这是为什么呢?"豆儿甲好奇地问。

"我们每天都站岗放哨,这样才安全呀。"雁队长解释道,"如果敌人进犯,巡逻兵会立即叫醒我们,我们就能迅速撤(chè)离。"

豆儿甲就睡在雁队长家中,因为有哨兵站岗,他一点儿也不用担心。

天亮的时候,豆儿甲突然被一阵可怕的哇哇声惊醒了。他连忙起来,发现在不远处的一棵树上站着一只鸟,全身乌黑乌黑的,长着一张大嘴,样子很凶。

"这家伙可能是来干坏事的。"豆儿甲心想,"我得叫醒队长。"

"雁队长!雁队长!你看,那是什么呢?"豆儿甲指着树上的鸟,慌慌张张地问。

雁队长眨了眨刚睡醒的眼睛,看了看,不禁大笑起来,说:"啊,不用担心,那是乌鸦呀。你听过'乌鸦喝水'的故事吗?乌鸦喝不着瓶里的剩水,就衔来石子放进去,水涨高了,他就喝到水啦。你别看他样子凶狠,声音也很难听,他可聪明着呢。"

"他是狡(jiǎo)猾(huá)的坏蛋吗?"豆儿甲问。

"不是,他是对人类有益的动物。他不但吃害虫,还吃死掉的鸟兽、烂鱼和垃圾,是鸟国有名的清洁工。"

"我以前还以为他是坏蛋呢。"豆儿甲这时才明白。

"好坏不能只看外表,也不能只听声音美不美,应该看他是不是做好事,对我们有没有帮助。"雁队长补充说。

豆儿甲点点头。

3 捕鱼能手

这天，豆儿甲在小湖边散着步，两只天鹅在湖边悠闲地游着。天鹅身材高大，都戴着一顶小红帽，穿着一身雪一样白的外衣，显得优雅(yǎ)、大方。

"美丽的天鹅，你们是来散步的吗？"豆儿甲和天鹅们打着招呼。

"不是的，我们正在找吃的。"

"你们喜欢吃什么？"

"我们吃的东西可多着呢，吃水生植物，也吃贝壳、小鱼和虾子。"

天鹅们一边说着，一边向小湖中间游去。

湖中间有一只弯弯的小船，船上坐着一位手拿竹竿的老头，船的四周站着许多穿着乌黑衣服的鸟，长相有些像乌鸦。豆儿甲觉得很有趣，就飞到了小船上。

"你们是乌鸦吗？"豆儿甲问乌黑的鸟儿。

"我们不是乌鸦，乌鸦是不会捕鱼的。我们是鱼鹰，也有人叫我们鸬(lú)鹚(cí)。"一只胖胖的鱼鹰回答。

豆儿甲仔细看了看，他们都有扁扁的、长长的嘴，嘴尖还有个弯弯的钩，和乌鸦确有不同。

"你们是来游玩的吗？"豆儿甲接着问。

"不，我们是来帮渔民伯伯捕鱼的。"

说着，有几只鱼鹰跳进湖里，钻进水中，一会儿就衔出好几条小鱼。

突然,湖水哗哗哗地动荡着,原来是一大群鱼游过来了!鱼鹰们立即紧张起来,瞪着眼看着。可是,他们没有立即跳下水,而是绕着鱼群转了一圈,然后悄悄地来到鱼群后面,把游在最后的鱼狠狠地啄了一口,那条受伤的鱼疼得到处乱窜,溅起无数水花。鱼群被搅(jiǎo)乱了,鱼儿拼命地逃,湖水热闹起来,水花溅得很高。鱼鹰们乘着这当儿,一会儿就捉住了许多鱼。有一条大鱼,样子很凶,搅着湖水。一只大鱼鹰叫了一声,大家一齐冲了过去,有的啄眼,有的啄尾,有的啄身子,大鱼很快就浮出了水面。鱼鹰们把它抬上了船。拿竹竿的老人很高兴,给每只鱼鹰发了一条小鱼。鱼鹰们吃着,高兴地说着话。

这样精彩的场面,豆儿甲还是第一次见到呢。他还想多看一会儿,可是,小船要回家了。豆儿甲只好飞往别处去。

突然,豆儿甲发现,在湖里的一根木桩上站着一只头、嘴硕(shuò)大的鸟,穿着翠绿的衣服,一动不动,样子很悲伤。

"这只鸟出事了吗?"豆儿甲想着,连忙飞了过去。

"你有伤心的事吗?"豆儿甲关切地问。

"没有。"那只翠绿色的鸟瞟了一眼豆儿甲,低着头回答。

"那你站在这儿干什么?"

"捕鱼虾吃呀。"说着,他啄出一只虾,吃了。

"你总是这样捕鱼?"

"有时也飞。"

"请问你叫什么名字？"

"翠鸟，大家也叫我钓鱼郎。"

原来，翠鸟也会捕鱼。豆儿甲明白了。

翠鸟不爱说话，豆儿甲只好离开他，又飞回小湖边。

小湖边这时已聚集了许多鸟，都在忙着捕鱼。豆儿甲从小画书上知道，这些鸟叫鹈(tí)鹕(hú)，长得和鹅非常相像。你瞧，他们不会潜水，啄鱼的时候头朝下，屁股朝着天，滑稽(jī)极了！

更有趣的是不远处的一群野鸭，他们一边捕鱼，一边唱着歌：小鸭，小鸭，驾着小船，埋头捉鱼，屁股朝天！

这一天，豆儿甲玩得很快活，因为他看到了鸟国许多捕鱼能手。回家的路上，豆儿甲看到了一张海报：鸟国盛大时装表演，欢迎光临！时间：明天上午。

"我应该去看看。"豆儿甲心想。

4 时装表演

今天，鸟儿们都穿上了他们最好的衣服，身子涂得油光发亮，佩花戴草，披银挂金，光彩照人。豆儿甲呢，也换上了一件色彩艳丽的花衣裳，头上还插上了两根美丽的小羽毛呢。

时装表演在美妙的轻音乐声中拉开序幕。

第一个上台的就是上届冠军孔雀先生。你瞧，他那高高的个头，红红的嘴巴，闪亮的眼睛，细细的颈项，宽宽的背，显得多么潇(xiāo)洒!他绕场一周后,在雷鸣般的掌声中轻轻撑开他那华丽的风衣,风衣越撑越大,只见金翠色的风衣上撒着无数朵彩色的椭圆花瓣,闪闪发亮,让人眼花缭乱。这时全场沸腾了,喝彩声、掌声在大森林里久久回荡。

第二个上台的是丹顶鹤小姐。她身披白色外套,伸出长长的颈项,款款而行,显得温文尔雅,秀丽端庄。

接着是黄莺(yīng)小姐的表演。她显然进行了精心打扮,不仅涂染了眉毛,而且把金黄的外衣镶(xiāng)上了一道宽阔的黑边。她步态轻盈,举止文雅,显得异常秀美。

接着是鹦鹉们登台表演。她们的服装五颜六色,而且款式新颖别致。她们有的着白衣,有的着黄衣,有的穿彩服……品种繁多,雅而不俗。

最后是企鹅们表演。她们个个身穿白衬衫,外披黑衣,素雅大方。有趣的是她们走起路来很特别,昂首挺胸,摇摇摆摆,显得憨(hān)厚老实。她们那可爱的姿态逗得鸟儿们乐不可支。

豆儿甲今天可算是大饱眼福,逢鸟便夸:"太美了! 鸟国服

装美极了！孔雀的花衣是世界上最美的！"

老鹰听了这话，心里很不服气，哼了一声，说："比衣服有什么好！要比飞，我一定是第一！"

这话被大雁和云雀听见了，他们都说自己是第一。

走在一旁的天鹅听了，也不服气地说："肯定我是第一！"

那么，到底谁是第一呢？

5　谁是第一

大雁、老鹰、云雀和天鹅争个没完没了。

这时候，鹦鹉、猫头鹰、画眉、百灵鸟、燕子……也飞来了，他们也说自己飞得高。鸟儿们叽叽喳喳地吵闹着，谁也说服不了谁。最后，只得让豆儿甲当裁判——他们要比一比，看看到底谁是第一。

豆儿甲喊了一声："预备！开始！"

鸟儿们起飞了，他们拼命地往高处飞。不一会儿，有些鸟就再也上不去了。老鹰、大雁、云雀仍振翅高飞，直冲云霄(xiāo)。可是，飞在他们上面的还有一只鸟，那就是天鹅。天鹅越飞越高，下面的鸟儿都看不见他了。

不用说，天鹅拿到了第一。

天鹅骄傲地说："你们多笨！瞧我多了不起！我能飞越世界最高峰喜马拉雅山，你们还要和我比！"

听了这话，没有拿到第一的老鹰气得瞪圆了眼，伸出锐利的爪子抓过去。大家连忙把他们分开。

这时候，豆儿甲站出来说话了："老鹰,抓天鹅就是你不对了。天鹅第一就是第一;不过,骄傲是他不对。其实,我们每一种鸟都有自己的特长;你老鹰能从天空直冲下来抓到田鼠;鹦鹉很聪明,能学着人说话;猫头鹰是捕鼠能手;画眉是有名的男高音;百灵的歌也无比动听;燕子能捕捉害

虫,是农民伯伯的好帮手……只看哪一样是不全面的。"

听了豆儿甲的一番话,鸟儿们都低头不语,惭愧地飞走了。

6 吉祥的鸟

第二天,豆儿甲在小树林里飞。"豆儿甲,你好! 来玩吧! "从头顶传来问好声。豆儿甲寻声看去,原来是喜鹊在招呼他。

"喜鹊大哥,你在干什么呀?"豆儿甲停下问。

"我在搭窝呢。你瞧,这个窝破旧不堪(kān),我要把这些细树枝拆除掉,重建一个新巢。我们一般把窝搭在高高的树杈上,这样就不怕风吹雨打了。"喜鹊一边搭窝,一边向豆儿甲做介绍。

"难怪都说你们是勤劳又朴实的鸟。"

"作为鸟儿,不仅要勤劳,更要朴实、善良。我们虽然也爱吃植物种子,但我们更多的是啄食田野中、果树园里的害虫,有时还能捕捉机灵的害鼠。"喜鹊说得很兴奋,就停下工作,只顾

说话。

豆儿甲觉得有机可乘,接着询问:"可是大家为什么叫你们'喜鹊'?节日时为什么悬挂你们的像?"

喜鹊想了一会儿,为难地说:"这个我也不清楚。有人说,我们的羽毛大都是黑里带绿,腹和肩处有些白,显得素雅;有人说,我们的叫声优美动听;还有人说,我们总是欢蹦乱跳,显得生机勃勃。"

停了停,又想了想,喜鹊接着说:"最主要的可能是我们不干坏事,大家才愿意和我们做朋友,称赞我们,把我们叫做吉祥的鸟儿。"

"你说得太对了!"豆儿甲拍手称赞,"只有做好事,别人才会称赞的。"

他们正在说着话,忽然传来问好声:"你们好!"

是谁呢?

7　了不起的鸽子

听到声音,豆儿甲和喜鹊回头看去,原来是穿着灰制服的鸽子邮递员。他给喜鹊送来一封信和两张报纸,就匆匆忙忙背着邮包飞走了。

喜鹊连忙说了声"谢谢"。

"鸽子邮递员真了不起！每天要给大家送那么多的信和报。"豆儿甲说。

"鸽子家庭中还有一只更了不起的成员呢。"喜鹊说。于是，喜鹊讲了这样一个故事。

在多年前人类的一次战斗中，一支部队被敌人包围起来了，突围的可能性微乎其微，因为敌军众多。怎么把这事告诉司令部要求速派援兵呢？战士们想啊想，最后，他们想到了鸽子小亚米。他们将情报拴在小亚米的腿上，小亚米带上情报迅速飞往目的地。敌人的炮火密集，突然，一颗弹片打中了小亚米的腿，疼得小亚米差点儿晕过去。可是，他强忍着痛，扑扇翅膀，吃力地继续往前飞，终于把情报送到了司令部。司令部立即派兵打退了敌人。可是小亚米却因为伤得太重，不久就死了。知道了这一消息，大家悲痛欲绝。作为永久的纪念，大家便给他起了一个好听的名字——英雄鸽。

"鸽子真了不起！"豆儿甲听得入了迷，好半天才开口。

"可是，你知道鸽子们是怎样认识路的吗？"豆儿甲似乎有满脑的问号。

"他们能靠太阳指路呢。"喜鹊说，"有时候乌云蔽日，他们就用地球磁场来辨别方向。这样，他们就是飞得再远，都能返回来。有一次比赛，他们被带到1000多千米以外的地方，最后有许多还能顺着原路飞回。"

"太了不起了！"

"还有呢。"喜鹊接着说，"鸽子们都有一双神眼，在我们鸟国的工厂里，他们是最优秀的检验员，能在许许多多产品中，迅速找出不合格的产品来。前几天，他们还得到了国王颁发的劳动奖章呢。"

豆儿甲和喜鹊聊了很长时间，才动身飞去。

8　她们也是鸟国成员吗

蓝天摇着云宝宝，

太阳公公眯眯笑，

大自然多么美好！

我们快乐——

我们是无忧无虑的小鸟，

自由地飞翔(xiáng)在大自然的怀抱……

鸟国"飞翔广场"上的高音喇叭里正放着《国歌》，成千上万的鸟儿拥向广场中心。她们个个身穿彩服，整洁清爽，打扮得光彩照人。不用说，她们都是来参加"鸟国首届选美大赛"的。播完《国歌》，鸟国国王讲话了：

"……我们鸟国差不多有 9000 个种族，是个和睦(mù)的多民族大家庭。我们是人类的好朋友。我们鸟国有世界上最好的舞蹈家和歌唱家，还有世界上优秀的捕鼠、捕虫能手和空中飞行健将……"

正在这时，广场上突然走来一群有趣的小动物。大家一看，原来是小鸡、小鸭和小鹅代表队。难道她们也是鸟国成员啊？

选美大赛的主裁(cái)判老鹰先生见了，急忙过来检查身份。

"小鸡、小鸭和小鹅，你们好！今天是鸟国选美大赛，难道你们也是鸟啊？"老鹰先生客气地问。

"对呀。"一只小鸭上前说，"虽然我们的名字不叫鸟，可我们也是鸟国的成员呢，鸟儿有一对翅膀，我们也有；鸟儿全身长着羽毛，我们也是；鸟儿有喙(huì)，我们也有；鸟儿会下蛋，我们也会。选美大赛的参赛条件我们都符合了。"

"可是，你们不能跟我们一样在天空飞呀。"老鹰裁判想了想说。

"我们的翅膀退化了，确实不能自由自在地飞。"一只小鸡上前说，"其实，我们属于家禽类。我们的祖先是古代的野鸡，小鸭的祖先是古代的野鸭，小鹅的祖先是古代的雁。我们变成现在的样子，那是因为经过了人类多年的驯(xùn)养。你看，野鸡、野鸭不是还可以自由自在地飞吗？"

老鹰裁判点点头，微笑着说："欢迎你们参加比赛！"

小鸡、小鸭、小鹅排着整齐的队伍，向广场中心走去。

小鸟们见自己的家族中还有这样的成员，高兴得叽叽喳喳地叫起来。

9　捕鼠能手

"你听,谁在哭叫?"听到声音,豆儿甲惊慌失措。

白头翁一听,忙笑着说:"别担心,那是猫头鹰在叫呢。猫头鹰白天总是躲在窝里或是密密的树林里,晚上才出来活动。因为他的叫声挺可怕,人们总是不喜欢他,还有人说他是不吉祥的鸟。猫头鹰很伤心。"

"其实,他是你们鸟国有名的捕鼠能手,是种益鸟,对吗?"豆儿甲说。

"是的。一只猫头鹰一年能吃好几百只老鼠,能为农民伯伯保护大约一吨粮食呢。"白头翁介绍着。

"他为什么有那么大的捕鼠本领?"

"猫头鹰的眼和瞳孔又圆又大,再黑的夜都能看清远处。他的耳孔特大,听觉异常灵敏。褐色的羽毛轻柔飘洒,飞时声音极小,别人难以听见。此外,他还有锋利的钩爪和尖锐的喙(huì)。因此,老鼠自然逃不过他的手掌心。"

"真是了不起的捕鼠大王!"

10　留鸟和候鸟

鸟国的天气预报说未来几天寒流会到,冬天来了,鸟儿们应该怎么过冬呢？豆儿甲一下子有了离别的伤感。于是，他陪幼稚园的小鸟们一起想主意。

过了好一会儿，豆儿甲才有了开口说出他的想法："冬天来了，我们虽然多长些羽毛能御寒，可是，树叶落了，小虫死了，如果我们都留在这儿，就很难找到食物，说不定会饿死的。"

"是呀！是呀！"鸟雏儿们急得喳(zhā)喳叫。

"我听说，我们这儿很冷的时候，南方的天气很温暖。如果我们不怕辛苦，让一部分鸟飞到南方温暖的地方越冬，第二年春天再回来，不好吗？"

"对呀！我去！我去！"鸟雏儿们一听，这主意好，都叽叽喳喳叫着要去南方。

"这样吧。"豆儿甲飞到高处，接着说，"根据大家的习惯和适应能力，燕子、白鹭、杜鹃……到南方去；喜鹊、麻雀……留下来，长上厚厚的羽毛，在这儿过冬。留在这儿过冬的，就叫留鸟；到南方去过冬的，就叫候鸟。"

"好！好！谢谢豆儿甲！"小鸟们都兴奋地叫起来。冬天来了，他们有办法了。

小鸟们一起高兴地唱起歌，跳起舞。豆儿甲心想："天冷了，我也该回家啦。"

谁该起床了

月亮婆婆起床了,她正领着星星们做游戏呢。森林里的捕鼠能手猫头鹰也起床了,他睡了一个白天,现在该是他上班的时候啦。猫头鹰在森林里飞,他一边飞一边想:"天黑就是上班时间,谁也不能睡懒觉。"

飞着飞着,猫头鹰看见了蝙蝠,他正倒挂着在洞里睡觉呢。

"蝙蝠兄弟,天黑了,该起床啦!"猫头鹰飞过去大声叫道。

蝙蝠被惊(jīng)醒了,睁开眼睛一看,发现天果然黑了。他连忙飞出洞,不好意思地说:"我又睡懒觉了。我该上班捉害虫啦。谢谢猫头鹰!"说完,就在天空中飞来飞去捉起害虫来了。

猫头鹰接着往前飞,飞着飞着,看见草丛里躺着一只小动物。猫头鹰上前一瞧,原来是蟾蜍,他睡得正香呢。

"蟾蜍兄弟,天黑了,该起床啦!"猫头鹰对着蟾蜍大声叫。

蟾蜍被惊醒了,睁开眼睛看了看,发现天果然黑了。他连忙跳出草丛,不好意思地说:"天黑了,我该上班捉害虫啦。哎,今天又睡懒觉了。谢谢猫头鹰!"说着,便一蹦一跳地捉虫去了。

猫头鹰接着往前飞,飞着飞着,看见大象伯伯站在大树下,正闭着眼睛呼呼睡呢。

"大象伯伯,天黑了,该起床啦!"猫头鹰飞过去大声叫道。

大象伯伯被惊醒了,睁开眼睛看了看,天很黑呢。他甩

(shuǎi)了甩长鼻子,扇了扇大耳朵,说:"猫头鹰,你叫错啦,我们是白天上班,晚上睡觉。你瞧,我刚刚睡着……"

猫头鹰连忙说了声"对不起",就接着往前飞。飞着飞着,他遇见了小羊。小羊跪在草地上,呼呼地睡得好香呢。

"小羊!天黑了,该起床啦!"猫头鹰飞上前大声地叫。

小羊被惊醒了,微微睁开眼睛看了看,不耐烦地说:"我们是白天活动,晚上睡觉的,哪有现在就起床的!"说着,又呼呼睡着了。

打搅(jiǎo)了小羊,猫头鹰觉得很抱歉,连忙向别处飞去。飞着飞着,他遇见了猴妈妈。她正躺在树杈上,一只手拿着小宝宝的尾巴在睡大觉呢。

"猴妈妈,天黑了,该起床啦!"猫头鹰飞过去大声叫道。

猴妈妈被惊醒了,连忙"嘘(xū)"了一声,并轻声说:"轻声点!我们是白天活动,晚上睡觉的。你瞧熊猫、松鼠、小鸟……他们都睡得正香呢。"

猫头鹰向四周看了看:小鸟正站在树枝上,缩着脑袋睡大觉;小松鼠正躲在树洞里,尾巴盖在身上睡大觉;熊猫更有趣,爬到树上呼呼睡……

猫头鹰连忙悄(qiāo)悄地飞走了。

"小动物真有趣!有白天活动的,有夜晚活动的。"猫头鹰一边飞一边想,"我还是去捉害鼠吧。"

聪明好问的小斑马

在非洲大草原上,一支由十几头斑马组成的队伍中又传来了喜讯——一头母斑马又当妈妈了,她生下了一头小斑马。

小斑马出生后,妈妈就不停地舔(tiǎn)着儿子。妈妈在给宝宝清洗的同时,也认识了宝宝的长相,熟悉了宝宝的味道。以后,不管自己的宝宝跑到哪儿,有多少同伴,她都能分辨出来。

小斑马一天天长大,不仅仅会自己奔跑,而且会自己找食物了。他看上去很聪明,妈妈很高兴。

一天,小斑马看到了一群马,他们身上的毛几乎是一种颜色的,这让他感到很奇怪,他忍不住问起妈妈:"妈妈,马的身上为什么没有条纹,而我们身上长了这么多黑白相间的条纹呢?"

"呵呵!"妈妈乐了,爱发问的孩子一定聪明,"我们身上的条纹不仅漂亮,更重要的,它是我们相互识别的主要标记之一;尤其重要的是,这是我们适应环境的保护色,是我们重要的防卫手段。你想啊,在辽阔的草原上,这种黑白相间的条纹,在阳光或月光照射下,它们反射的光线明暗是不同的,这就分散了我们的身体轮廓,从而让别的动物看不清我们,那些敌人很难把我们从周围环境中分辨出来。这对保护我们自己是十分有利的。"

"看来我们的斑纹是很有用的呀。"小斑马很高兴。

"是呀。"妈妈说,"聪明的人类还模仿我们的斑纹,涂在马路的人行道上呢。"

"那叫斑马线，对吧？"小斑马抢着说。

"没错！真聪明！"妈妈夸道，"19 世纪 50 年代初，在英国伦敦的街道上第一次出现了斑马线。它对减少交通事故和保护人们的安全起到了很大的作用。"

"有了斑纹，就什么也不怕了！"小斑马很兴奋。

"那也不能这么想。"妈妈说，"除了斑纹，我们还有强健的四条腿，我们能长时间高速奔跑；我们的听力和视力也都不错。"

"我们还有大家庭呢。"小斑马很自信。

"说得好！"妈妈更高兴了，"猛兽来了，我们大家可以相互提醒。另外，我们还应该结交更多的朋友，比如草原上的旋角大羚(líng)羊、牛羚、瞪羚、鸵鸟，他们都乐意和我们共同抵御(yù)天敌。旋角大羚羊、牛羚、瞪羚都很敏感。鸵鸟在晴天能替我们放哨，因为他个子高、眼睛好；我们在晚上或是阴天，会告诉他们有没有危险，因为我们的耳朵好、鼻子灵。"

"太好了！我要多交些朋友。"小斑马跳起来叫道。"妈妈，我们现在就去远一些的地方找朋友吧。"

妈妈连忙摇头说："不行，我们要常喝水，不能远离水源。"

听了妈妈的话，小斑马顺从地点点头。他明白，只要有妈妈的指点，就什么也不用担心。

有趣的动物故事

　　松鼠和青蛙怎么玩捉迷藏的游戏？小骡子到底上了哪所学校？豆儿甲在昆虫王国旅行遇到了哪些有趣的事？……

　　一个个有趣的动物故事会给你带来快乐，增长你的才智，滋润你的心灵。读了故事，找到了快乐，又增长了知识，一举多得，何乐而不为？

小猪送尾巴

小猪捡到了一条小尾巴。这是谁的呢?他一边走一边想,迎面碰上了小花猫。小猪伸出手中的小尾巴问:"这是你丢的吗?"

小花猫凑上前仔细瞧了瞧,原来是条小尾巴。

"谢谢你!这不是我的。我的尾巴又长又灵活,能屈又能伸。而这是条小尾巴呀。"

小猪就往别处去,走着走着,遇上了猴子们。

"这是你们的尾巴吗?"小猪上前问道。

猴子们一瞧,连忙摸摸屁股,尾巴好好的,什么也没有少。

"小猪,我们的尾巴没有丢。谢谢你!"猴子们说。

"那,这是谁的尾巴呢?"小猪为难地问。

"这肯定不是我们猴子的。"猴子们说,"你瞧,我们的尾巴长着呢,而且能卷着树枝,挂住身体。"

小猪只好往别处去。走着走着,小猪碰到了老牛。

"牛伯伯,这是你们牛的尾巴吗?"小猪一边说,一边把手中的细尾巴递(dì)给牛伯伯。

牛伯伯仔细看了看,笑着说:"噢,这不是我们牛的尾巴。我们牛的尾巴又粗又大,可以来回拍打身体,赶走叮(dīng)咬我们的蚊蝇。"

"那会是谁的呢?"

"对不起,我也不知道。"牛伯伯抱歉地说。

小猪只好又往别处去。走着走着,小猪碰到了袋鼠阿姨。

"袋鼠阿姨,这尾巴是你们的吗?"小猪连忙上前问。

袋鼠阿姨接过来看了看,说:"这——我也不知道是谁的,但不会是我们袋鼠的。瞧,我们的尾巴又硬又大,好像一个小板凳呢。"说着,她用尾巴撑(chēng)着地,坐了下来。

小猪只好拿起尾巴往别处去。走着走着,小猪到了小河边,碰上了正在游泳的小鱼。

"小鱼,小鱼,这是你的尾巴吗?"小猪蹲(dūn)下身子问。

小鱼抬头看了看,摇摇尾巴说:"不知道这是谁的尾巴,不会是我们鱼的。这条尾巴那么细,而你看,我们的尾巴这么扁,能帮我们游水,还能帮我们调整方向呢。"

小猪只好站起身往别处去。走着走着,小猪碰到了狐狸,狐狸正在睡大觉呢。

"狐狸兄弟,这是你的尾巴吗?"小猪走过去问道。

狐狸打了一个呵欠,睁开眼,看了看小猪手里的尾巴,生气地说:"这会是我的吗!你没看见我正用尾巴做枕头睡觉吗?走开!走开!"

小猪只好再往别处去。走着走着,小猪碰到了停在草地上的燕子。

"小燕子,这是你的尾巴吗?"小猪过去问道。

"啊,我的尾巴像剪刀,是我飞行时的'方向盘',不会丢的。"燕子回答。

"那，这会是谁的尾巴呢？"小猪问。

燕子仔细看了看，说："大概是小壁(bì)虎的吧，只有他经常丢掉尾巴。"

小猪连忙去找小壁虎，小壁虎正在土墙上爬。

"小壁虎！小壁虎！这是你的尾巴吗？"小猪急忙上前问。

小壁虎回头看了看，说："啊哈，是我的尾巴！它是好几天前被我甩(shuǎi)掉的，因为当时一只老鼠正在追赶我，当老鼠咬

断我的尾巴时，我就趁机跑掉了。"

小猪看了看小壁虎，发现小壁虎的尾巴好好地拖在后边，不禁奇怪地问："小壁虎，难道你有两条尾巴吗？"

"不！"小壁虎笑着说，"我的尾巴丢掉后，不久又能长出新尾巴。小猪，谢谢你啦！"

"原来是这样。"小猪这下明白啦。

小象团团的故事

小象团团是马戏团里有名的表演能手。

这天，团团表演了许多拿手好戏——敲鼓、吹号、杂耍(shuǎ)，还用鼻子拿笔画了一幅有趣的画，送给了一个漂亮的小姑娘。

表演一结束，要和团团合影的人就排了一长串。最后和它合影的是一个小男孩和他的妈妈。他们一边拍照，妈妈一边介绍："大象是陆地上最大的动物。它们主要生长在非洲和亚洲南部。所以，世界上的大象就有两种——亚洲大象和非洲大象。非洲大象比亚洲大象还要高大，而且，非洲大象不论雄象还是雌象，都生长象牙，而亚洲象雌性长牙是不外露的，非洲大象的耳朵大而圆，非洲大象也不像亚洲象站着睡，而是卧下睡。"

"它怎么有那么大的耳朵和那么长的牙齿呀？"小男孩问。

妈妈笑着说："它那巨大的耳郭不仅能帮助谛(dì)听，还有散热功能呢。它的视力不是很好，但听觉很发达。此外，它还有同狗差不多的嗅(xiù)觉。此外，大象比狗还要聪明，能帮助人们做很多事，比如驮运东西、陪人们打猎、在马戏团表演，甚至还能帮人看孩子、看门呢。大象喜欢群居。它们生活在一起，会在一定范围内活动，有一定的路线，不乱跑。它们活动的时候，雌象做首领，为了保护幼象，它们会排成长队，让成年雄象走在前面带队，小象走在中间，成年母象走在后面。

"大象真是我们的好朋友。"小男孩说。

"没错。"妈妈说，"大象的怀孕期非常长，象妈妈要一年半到两年才能生下小象。小象一生下来，就有1米高，100千克重。象妈妈要隔五六年才生育一次。它们的寿命可达60岁，有的能活到100岁呢。"

团团认真地听着他们的对话，心里别提有多高兴了，一到家，就把刚才的事告诉了妈妈。

象妈妈一边笑，一边说："他们还忘记介绍我们最特别的地方了。"

"什么地方，妈妈？"团团伸出长鼻子问妈妈。

"就是这个。"妈妈用自己的长鼻子勾住团团的长鼻子说，"我们的长鼻子是别的动物没有的。它除了呼吸，还有很多用途呢。柔韧(rèn)而肌肉发达的长鼻子，缠(chán)卷的功能很强，是我们自卫的武器和吸水、取食的工具，就像人类的胳膊和手一样。没有它，我们就无法吃到香蕉、树叶这些食物；没有它，我们喝水、吸水冲澡都不行。这几天，我还用长鼻子帮人们运送过木头呢。"

听了妈妈的介绍，团团更兴奋了。"我们大象的本领真是了不起。下一次，我要表演更精彩的节目。"团团甩着长鼻子说。

蜘蛛本领真不小

南阳诸葛亮，

稳坐中军帐。

排起八卦阵，

专捉飞来将。

蜘蛛点点正在结网，忽然听到下方传来几个小朋友的声音。原来他们在玩猜谜语的游戏，而谜底正是他自己。

点点很高兴，因为他们把自己比作诸葛亮了。他结网更来劲了。只见他在一根树枝上固定一根丝，自己从丝上往下垂，到达另一根树枝后把丝粘住，又回到中心，拉许多根从网中心向四面辐射的丝。然后，他又爬回网中心，从里向外拉螺(luó)旋丝。最后他爬到最外围，自外向网中心拉螺旋丝，这种丝带黏性，较紧密，是用来捕虫的。网结完后，他悄悄地爬到树叶中躲藏起来。

点点耐心地等待着，他要消灭更多危害人、动物、树木和庄稼的害虫。因为他明白，人们都喜欢他，他要做更多的好事。

功夫不负有心人，点点终于等到机会了。自投罗网的是一只喜欢叮咬老牛等牲畜的苍蝇。蜘蛛点点迅速爬过去用毒牙给它注入毒素，再对它注入了一种特殊的液体——消化酶(méi)，苍蝇浑身立即抽搐(chù)起来，不一会儿就昏死了。更奇特的是,苍蝇内部慢慢被液化了,变成糨糊。这时,蜘蛛点点才大口地吮吸起来。

就在这时,网下猜中谜底的小朋友又说到了蜘蛛:"你们知道吗? 蜘蛛是许多农业、林业害虫的天敌,蜘蛛还能入药;只有少数蜘蛛的毒液对人畜有害,大多蜘蛛都是我们的好朋友。"

另一个小朋友知道得也很多,他说了一个故事:"给你们讲个真实的故事。几百年前,英国有一位科学家决心对蜘蛛进行深入研究。他花了大量时间认真地观察蜘蛛。他发现,蜘蛛刚从蛛囊(náng)里拉出的细丝是黏液,可经风一吹,一会儿就变成结实的蛛丝。他想,人应该能造出'机器蜘蛛',用化学药品抽出丝来织布。他经过无数次试验,终于发明了世界上第一根人造纤维。"

听着小朋友们夸奖他,点点十分开心。

这一天,点点捕获了好多害虫。他实在吃不下,就将吃剩的虫子用网包好,留着下次食用。哈哈,这网还能当保鲜袋用呢!

老鼠来到袋鼠家

一只躲在地洞里的老鼠看到了有趣的一幕：一只前腿短、后腿长的动物在仔仔细细地掏着胸前口袋里的杂物，而这个口袋可不是衣服口袋，而是长在她身体上的口袋。她清理完自己的袋子后，竟产下一只特别小的小家伙。这只还睁不开眼的小家伙从他妈妈的尾巴上向袋里一步步吃力地蠕(rú)动着，费了很大的力气，花了好长时间，终于爬了进去。站在一边的其他动物叫了起来："啊，小袋鼠爬进育儿袋了！太棒了！"

从洞中探出头的老鼠听到这话，禁不住钻了出来，走了过去。他抬起头问："你们也是鼠？和我们是一家子的吗？"

袋鼠妈妈找了好一会儿，才发现是一只小老鼠。她没好气地说："我和你可不是一家子的，连亲戚也算不上。我们是有袋类的哺乳动物，而你们是啮(niè)齿类的。"

"你们叫袋鼠，我们叫老鼠。我看差不多呀。"老鼠在套近乎。

"那可不一样！"袋鼠妈妈可不这么看，"你们到处偷东西，可别坏了我们的名声。你跑过来，不是来偷什么东西的吧？"

"别说得这么难听嘛。我现在很少偷东西了，只是啃啃草根吃。我是来向你道喜的，恭(gōng)喜你生下这么可爱的小家伙。"老鼠很聪明，尽说好听的话。

听了老鼠这番话,袋鼠妈妈也不好再说什么了。

老鼠见袋鼠妈妈不太反感自己,又问起来:"你们怎么都有这个口袋?还真管用啊。"

"这叫育儿袋,只有我们雌性的才有。它里面有四个乳头。小袋鼠生下后会自己爬进来,在袋中生活9个月才会跳出来。但这之后他感到害怕时还会钻进袋里。他们要3年左右才能成年。"袋鼠妈妈说着向前跳了一下。

这一跳可把老鼠吓坏了,他跑了好一会儿才赶了过来。他气喘吁吁地说:"你们的跳跃能力真强啊!"

"那当然。"袋鼠妈妈得意地说,"我们全速跳跃时,前腿蜷(quán)缩,尾巴向上翘,后腿像弹簧(huáng)一样能让整个身体猛地向前冲,有时时速能达到60千米呢!你看,我们的后腿强健有力,但是我们不会行走,总是以跳代跑,最高能跳到4米,最远能跳到十几米,毫不吹嘘(xū),我们是跳得最高最远的哺乳动物。在跳跃过程中,我们的尾巴能起到平衡作用。"

袋鼠妈妈说的这些本领,让老鼠羡慕极了。他惊讶地问:"你们吃什么好东西了,会有这么高超的本领?"

袋鼠妈妈呵呵一笑,说:"我们只生活在澳大利亚,这里植物很多,我们当然只吃各种植物了,偶尔还吃些真

菌类。我们是食草动物。"

他们正在说着话,突然看到两只袋鼠打了起来。只见他俩怒目相向,颈毛竖起,口中发出响声,像个拳击手,不停地快速挥拳,还不时地用尾巴横扫对方。老鼠吓得大叫:"你快去将他们拉开吧。"

袋鼠妈妈用自己的长尾巴当凳子,不紧不慢地坐了下来,说:"别担心,这是我们常经历的事。如果一方被打倒在地,就不再打了,败下来的最多只会受点伤,不会被打死的。"让老鼠奇怪的是,不但袋鼠妈妈不去劝架,路过的袋鼠都是来看热闹当"观众"的,没谁管他们。

不知不觉天色暗了,他们来到了草原上的公路边。就在这时,一辆汽车开了过来,袋鼠妈妈不但不躲避,反而迎着汽车冲过去;更危险的是,附近的几只袋鼠都从草丛中一拥而上。吓得老鼠大叫:"危险!"幸好汽车避(bì)让了一下,否则真不知道要出什么事呢。

"你们这是干什么呀!太危险了!"老鼠吓得说话都在哆嗦。

"哎呀!我们的视力很差,加上对灯光好奇,有时还以为是什么坏东西来袭击呢。因此,我们有不少同伴都是被车撞死的。我们的肉味道鲜美,皮能做各种皮制品,人类会把死掉的同伴拿走的。哎,下次真的要注意了。"袋鼠妈妈也吓得不轻。

"我看啦,你们以后还是白天出来活动吧。"老鼠建议。

"那可不行,我们属夜间生活的动物,喜欢白天休息,黄昏出来活动。习惯改不了啊。"袋鼠妈妈无奈地说。

遇见恐龙了

小猪在树林边的石头堆中找到了一颗椭圆形的石头蛋,高兴得又蹦又跳。

和他走在一起的小狗一眼就认出来这是颗恐龙蛋。

"恐龙蛋是什么东西啊?"小猪不解地问。

"恐龙蛋就是恐龙产下的蛋啊。"小狗解释道,"恐龙蛋形状各不相同——有圆形、椭圆形、卵圆形、长椭圆形、橄(gǎn)榄形等多种形状,大小也各异,壳硬,表面有的有纹饰,有的光滑。"

"太好了!我们中午有好菜了!"小猪总是想到吃的。

"什么呀!这是恐龙蛋化石,怎么能吃呢。"小狗说,"化石就是留存在岩石中的古生物遗体或是残迹,骸(hái)骨和贝壳是最常见的。研究它们,人们就能了解到生物的演化,知道地层的年代。恐龙蛋就是十分珍贵的古生物化石。"

"那我们应该将它送进动物博物馆,对吧?"小猪说。

"嗯,这还像个样儿!"小狗用手点了一下小猪的头。

兴奋的小猪抱着恐龙蛋飞快地跑进了树林深处。

不一会儿,小狗突然听到小猪的大叫声,叫声非常恐怖(bù):"救命啊——"

小狗撒腿向前奔去,他以为小猪碰见狼了。

慌里慌张的小猪和小狗撞了个满怀。小狗将小猪拉住,见他脸色煞(shà)白，问他是怎么回事。

小猪结结巴巴地说："有……有……有恐龙！"

"有恐龙？"小狗被弄糊涂了，"怎么会呢？恐龙生活在距今2.35亿~0.65亿年前，在0.65亿万年前的白垩(è)纪就灭绝了，你现在还能看到恐龙？你没发热吧？"

小狗说着用手摸了摸小猪的头。

"真的！就在前面。你要是不信，你自己去看看！"小猪用手向他跑来的方向指了指。

"走！"小狗拉起小猪。

可小猪还是心有余悸(jì)："你自己去吧，我不去。"

"有我在，怕什么！"小狗挺了挺胸说。

在小狗的生拉硬拽(zhuài)下，小猪只好硬着头皮，小心翼翼地跟在小狗的身后，亦步亦趋地向前走。

还没走多远，他们果然听到了"嗷——嗷——"的叫声。

"就在前面！"小猪吓得停下脚步，"我不去了，可能是它们看到我拿了它们的蛋，找到这儿来了。它们看到我，还不吃了我？"

小狗心里也感到非常纳闷："这确实像电视里听到的恐龙的声音，难道恐龙真的复活了？"

小狗独自又向前走了几步，突然，一只恐龙朝他奔来。小狗吓了一跳，赶紧向后走，退回小猪身边。

他让小猪蹲下来，躲到树丛里，小声说："恐龙用后肢支撑身体，可以直立行走，是地球上首批直立行走的高级生物，统治地球超过1.6亿年。但它们早就从地球上消失了，今天怎么会突然出现了呢？"

"我听说恐龙喜欢茂密的森林、丰盛的水草，这里有树有草，它们会不会就躲在这儿？"小猪哆哆嗦(suō)嗦地说。

"不可能！"小狗说得很肯定，"两亿多年前的中生代，地球陆地上确实生活着许多爬行动物，故中生代又被人们称为'爬行动物时代'。那时候，地球气候温暖，到处是茂密的森林和丰茂的水草，爬行动物的食物很丰富，它们渐渐繁盛起来，分化成的种类越来越多，今天的龟类、鳄类、蛇类、蜥(xī)蜴(yì)类，甚至是哺乳动物，都是从那时的爬行动物演变分化出来的。因为空气温暖而潮湿，食物到处都是，很容易找到。作为陆生爬行动物中体格最大的恐龙，统治地球一亿多年就不足为怪了。"

停了一下，小狗接着说："但很多人认为，在6500万年前的白垩纪时代末期，有一颗巨大的小行星或是彗星与地球发生了非常猛烈的碰撞，浓浓的火山灰和毒气弥(mí)漫在空气中，覆盖了地球，地球上的生物长时间不见日光，植物们也无法进行光合作用，大气中氧气含量越来越低，于是恐龙大批死亡了。因此，从那时起，我们就再也见不到它们了。"

想到这儿，小狗站起身，壮着胆子又慢慢地朝前走去。

还没走多远，小狗突然听到叫好声："太棒了！向前冲呀！"

小狗侧耳细听，他终于分辨出来了，是小熊的声音。

小狗接着又向前走了十几步，这回他看清楚了。哪是什么恐龙，是小熊在放电影呢！

小狗一个箭步冲到小熊面前，拧着他的耳朵大叫："你吓坏我们了！我和小猪还以为遇到真的恐龙了呢！"

小熊听了这话，不禁哈哈大笑："这是我刚买的宽屏电影。感觉怎么样？像真的吧？我最爱看恐龙的电影了。"

"小猪，过来吧！过来看电影！"小狗大声招呼小猪。

小猪磨蹭(cèng)了半天才走了过来。看到了小熊和面前的宽屏电影，他也乐了："原来是电影上的恐龙啊！"

说到恐龙，小熊更来劲了："知道为什么叫'恐龙'吗？这是1842年英国古生物学家理查德·欧文爵(jué)士创造的名称，意思是'可怕的蜥蜴'，后来我们国家把它翻译成'恐龙'，很形象。"

"我刚才看的是一部介绍恐龙灭绝的电影。"小熊接着说，"我现在才知道，恐龙灭绝的真正原因还不是非常清楚，有很多种说法。大多数人认为是小行星撞上地球导致的，但也有其他说法，比如：地球气候变化引起的，大陆漂移引起的，地磁(cí)发生变化引起的，吃被子植物中毒引起的，强烈的酸(suān)雨引起的，小型动物吃光了它们的蛋引起的，等等。不管怎么说，我还是想见到真的恐龙。"

"别这么说，我才不想见到真的恐龙。"小猪连忙摆手说。

小熊和小狗听了，都哈哈大笑起来。

帝企鹅的一家

　　南极洲是个终年都十分寒冷的地方,每年三四月份就进入更加寒冷的冬季,寒冬会持续 9 个月,一直到第二年的 3 月份。

　　冬季来临,成群结队的帝企鹅恋恋不舍地跳上岸,要离开舒适的海洋家园了。他们很清楚,一路上会遇上可怕的暴风雪,路途又远,这是一次漫长而艰苦的"长征"。但他们谁也不怕,乐观面对。一开始,他们为了省力,便用圆滚滚的肚皮在地面滑行一段距离,然后用双脚在冰面上一摇一摆地行走,那样子真是可爱。成千上万只企鹅一起"急行军",你想,这场面多壮观!一只帝企鹅自己回头看看,都不禁笑了起来。

　　他们"急行军"的目的是要寻找安家的地方。这种地方必须安全,冷点不怕,自己可以受点苦,可不能让海豹(bào)、鲸等天敌来侵袭,更不能让他们吃掉自己的宝宝。南极很冷的地方,海豹、鲸不敢来了,会安全得多。他们心里明白,自己的防卫能力很弱,选择了南极最寒冷的冬季来产卵和孵(fū)蛋是明智的。

　　队伍中的那只雄性帝企鹅一边走,一边和一只漂亮的雌性帝企鹅追逐、嬉(xī)戏,他俩对对方都有了好感,不久就成了"小两口"。

　　历经艰辛,他们终于到达了去年的地方。帝企鹅"小两口"找到了一块不错的地方安家。5 月份的一天,雌性帝企鹅产下了一枚蛋。帝企鹅每次只会下一枚蛋,但其他企鹅会产两枚。他们要有宝宝了!"小两口"乐得合不拢嘴。

此时的天气寒冷至极,风雪不断,气温零下40度。现在要孵出小企鹅,是一件多不容易的事啊!但为了孩子,他们什么也不怕。勇敢的帝企鹅看着自己的妻子,怜爱地说:"你把蛋交给我,我来孵小宝宝。你去找吃的,要多吃点,养好身体再回来。"

"你要注意安全,你最好双脚并拢,用嘴把蛋推着,滚到脚背上,可不能把蛋贴到地面,不然它很快就会冻成冰块的。"帝企鹅妻子在产卵的过程中消耗了大量的体能,早就饿得头昏眼花了,她说完,亲了一下自己的爱人,到远处找吃的去了。

企鹅爸爸接过重任,很小心地把蛋放好,再用鼓鼓的腹部的皱(zhòu)皮把蛋盖上,和其他企鹅爸爸一起,背着风站着,一动不动。

就这样,企鹅爸爸不吃不喝,全身心地孵蛋。一天天地过去,差不多过了两个月了,这一天,帝企鹅妻子吃饱喝足赶了回来。此时的她膘肥体壮,比以前不知胖了多少。也就在这时,他们的宝宝出生了!企鹅妈妈兴奋地来到丈夫身边,一边吻着丈夫,说着感激的话,一边爱抚地摸着自己的宝宝。

"你快去找吃的吧,看你瘦的,太辛苦了!我来照顾孩子,你放心。"企鹅妈妈非常心疼自己的丈夫。

两个月的孵化期,他什么也没吃,完全靠脂肪维持生命,体重已减少了差不多1/3。早已瘦得皮包骨头的企鹅爸爸连说话的力气都没有了,他匆匆地亲了亲妻子和孩子,快步奔向大海,去找鱼虾吃了。

企鹅妈妈把自己胃中储存的营养物质分解成流质,再吐出来精心地喂养着宝宝。

经过爸爸妈妈的照料,小企鹅长得很快,一个月后,他就能独立行走了。

小家伙模样很憨(hān)厚。和他的爸爸妈妈一样,头和背是黑色的,肚皮和脖子是白色的,真像穿上了白衬衣和燕尾服,走路一摇一摆,可爱极了! 长大了,他准是个英俊的"南极绅士"。

小家伙也很聪明,总是问这问那:"我们是鸟,可不会飞怎么办?"

"可我们有流线型的躯体,擅长滑冰、游泳和潜水啊,找吃的没问题。"爸爸说。

"我们的羽毛这么小,会冻坏的呀。"小家伙还是有些担心。

"不会的。"妈妈告诉他,"我们是所有鸟类中最能适应水和寒冷天气的。你看,我们身上的羽毛是呈鱼鳞状的,均匀地分布着,羽毛密度比鸟类要大好多倍呢,羽毛能调节体温。羽毛还会定期更换的,但我们换毛不会东一块西一块地掉,新的羽毛总是长在旧的下面。另外,我们的皮肤下还有厚厚的脂肪,皮下脂肪同样能抵御(yù)严寒。"

听了父母的介绍,小家伙这回放心了。

不知不觉,小企鹅已到上幼儿园的年龄了。他的爸爸妈妈要去寻找更多的食物,好给他更丰富的营养;同时小企鹅也必须学会自立。幼儿园的老师会教他很多知识,尤其要教他们怎

么样防备贼鸥的偷袭，以及如何跃出水面逃避海豹和鲸的追杀。贼鸥真的来偷袭时，老师会发出求救信号，让更多的成年企

鹅来帮忙，群起攻击敌人。小企鹅有时不听话，到处乱跑，老师一点也不客气，会用尖嘴啄(zhuó)他，让他回来。小企鹅最高兴的就是爸爸妈妈来接他回家，小伙伴虽然很多，但只要他一叫，爸爸妈妈就能从叫声中准确地找到他。

3个多月后，小企鹅真的长大了，他离开了父母，自己去找南极磷虾、鱼、甲壳类和软体动物来吃，过上了独立生活。

知识小贴士

帝企鹅：帝企鹅也称皇帝企鹅，是现在企鹅家族中个体最大的，一般身高在90厘米以上，最大可达到120厘米，体重可达500千克，在南极以及周围鸟屿都有分布。帝企鹅身披黑色羽毛，喙赤橙色，脖子底下有一片橙黄色羽毛，向下逐渐变淡，耳朵后部最深，全身色泽协调。

动物知识故事

到底上哪所学校

　　小骡(luó)子到了该上学的年纪了。爸爸妈妈为他准备了新衣服、新书包。小骡子也很高兴,因为自己就要学到很多新知识了。

　　可是,报名那天他的爸爸和妈妈为难了,因为他们不知道到底去上哪所学校——马校还是驴校,小骡子既不是马,也不是驴呀。

　　马爸爸说:"我们上马校吧。马有很多优点:四肢强壮,灵活性强,奔跑能力惊人,身体健壮,驰骋(chěng)疆场,能征善战。"

　　驴妈妈说:"还是上驴校吧。驴子性格特好,而且善于运送货物。"

　　爸爸妈妈各说各的理,谁也说服不了谁。最后,他们只得来征求小骡子的意见。小骡子说:"哪所学校近就上哪所。"

　　爸爸妈妈异口同声地说:"还是我们的孩子聪明!"

　　马校比驴校近,他们先来到马校。一见到小骡子,接待他们的校长棕(zōng)红马就说:"你们大概弄错了,我们这是马校,你们的孩子分明就不是马呀!"

　　校长的话弄得小骡子和他的爸爸妈妈面面相觑。校长见他们不信,就带他们到班级看看,果然,班上的孩子都是马,只是毛色不同,长相都是一样的。

86

"校长，我是他爸爸呀！"小骡子爸爸解释道，"你看孩子的外貌，还是能找到我的影子呢。我的孩子小骡子的体型虽然比我小，但与我们马有很多共同特征——长长的脸和我们差不多，一双眼睛长在头的两边，还长着一个黑黑的鼻子和一张嘴；屁股后面的尾巴和马尾巴也特别像；第三趾(zhǐ)发达，有蹄，其余各趾都已经退化；体格健壮，和我们马一样强壮有力，有我们的灵活性和奔跑能力，那健壮的身体和强有力的四肢有着使不完的力气。"

可任凭小骡子爸爸怎么解释，马校长就是不听。

没有办法，他们又来到驴校。

驴校长一见到他们的孩子小骡子，说出了与马校长同样的话。

小骡子妈妈急忙解释："孩子名字虽然叫小骡子，但和我们驴有很多相像的地方呀，比如有着和我一样的长耳朵。在山路上，他可是运送货物的能手；他比马儿吃的草料少得多，而且力量比马大，是一种省吃能干的动物。他虽然奔跑没有马快，但他脾气好，性格温驯(xùn)，有着任劳任怨(yuàn)、默默奉献的精神——这也是我们驴的精神呀。"

但驴校长看了半天，还是再次拒绝了他们。

见没有学校接收自己，小骡子哇哇哭了起来。

爸爸妈妈连忙安慰他："不用担心，会有办法的。别哭，我们现在去找管理学校事务的大象先生，让他来解释吧。"

于是，他们找到了大象。

大象一听他们的来意，乐呵呵地笑起来："你们不用担心，今天就让孩子上学。你们结婚的事，我是知道的。我去找他们！"

大象把马校长和驴校长叫来了，对他们说："你们应该接收小骡子，他确实是马先生和驴太太的孩子。"

"噢？"两位校长被弄糊涂了。

大象并没有急于解释，倒是夸起他们："马是大型食草哺乳动物。很早就被人类驯化，用来驮东西、乘骑。马的体型较大，颈部稍弓，耳短，头小，蹄子大。马有很多优点：是有名的奔跑能手，力气大，能耕地、拉车、驮物，甚至能让人骑着参加比赛；马特别聪明，除了善于表演，认路的本领连人都比不上——老马识途嘛。"

接着他又说起驴："驴的外形和马有点像，但没有马那么威武雄壮，驴子同样也有很多优点：头大耳长，胸部稍窄，四肢偏瘦，蹄小但结实，躯(qū)干较短，身高和体长大体相等，很匀称；驴很结实，耐粗放，不好生病；性情温驯，能吃苦耐劳，听从使役(yì)；既能耕作，又能乘骑，走山路更是高手。"

停了一会儿，大象来到小骡子面前，抚摸着他的头说："马和马结婚生下的当然也是马，驴和驴结婚生下的必然是驴，而马和驴结婚生下的就是骡子了。是驴妈妈生的就叫驴骡，长相像驴，他集中了较多驴的优点和一部分马的优点，比如力量强，耐力好，吃的食物还不算多，脾气温和，性情倔强；是马妈妈生的叫马骡，长相像马，他食量较大，力量惊人，耐力特强，善解人意，聪明，不过有时性情急躁。看看这孩子，大头大耳，身体高过

他妈妈驴太太，长得像马爸爸；体力可比他妈妈强，蹄子虽小，但四肢较长而且强壮；耐力好，抗病力强，能适应不同环境，拉车和驮物是把好手；性情温和，性格活泼，一定能和同学们相处好的。"

听了大象先生的介绍，马校长和驴校长都争着要小骡子上自己的学校。

这时，小骡子心里别提有多兴奋了。他激动得在地上打起滚来。驴打滚平时多半是为了恢复体力，同时也为自己挠(náo)挠痒。而小骡子这回打滚是因为太高兴了。

知识小贴士

骡:哺乳类奇蹄目动物。其为马和驴的种间杂种，主供役用。由公驴和母马所生的杂种为马骡，由公马和母驴所生的杂种为驴骡。骡无繁殖能力，但生命力和抗病力强，饲料利用率高，体质结实，肢蹄强健，富持久力，易于驾驭。

啄木鸟学本领

啄木鸟长大了,他想,自己要独立,必须学一样实实在在的本领。于是,他四处飞行,拜师学艺。

这天,他起得很早,天还没有完全大亮。他先找到了猫头鹰。猫头鹰说:"你就和我学习捕鼠的本领吧。不过田鼠都是夜间出来,你要和我一样,白天睡觉,晚上活动。"就在说话间,猫头鹰突然冲下去,很快又飞回来,而这时嘴里已叼着了一只田鼠。他的嘴看起来不大,可张开时很大,几下就将田鼠吞进肚子。

啄木鸟一见,摇摇头说:"这个我学不了,因为我的眼睛没你好,行动没你敏捷,特别是个头更比不了。"

啄木鸟接着飞,正好遇见了正要飞向高空的老鹰。听了啄木鸟的恳求,老鹰说:"我们眼睛能看得很远,翅膀特别大,嘴尖利无比,脚有钩爪,能飞得高,适合捕兔、鼠等小型动物,还能帮助人们处理动物尸体。但你体型小,做这种事肯定不行。"

啄木鸟只好再往别处去,飞着飞着遇见了一只长相奇特的大鸟。只见他又长又尖,喉部还有个大袋子。

"你好!你叫什么名字?"啄木鸟上前问。

"噢,是啄木鸟呀,我叫鹈(tí)鹕(hú)。"鹈鹕友好地说。

"你有什么本领?能教我吗?"啄木鸟说。

鹈鹕想了想说："跟我学抓鱼吧。不难，看到水中的鱼，快速俯冲下去，用嘴衔上来就行了。吃不了就存到喉部的口袋里。"

"这个我做不了。我的嘴太小，也看不见水中的鱼，落水可就淹死了。"啄木鸟连连摇头。

就在啄木鸟告别鹈鹕时，一只鸽子路过这里。啄木鸟知道，鸽子是人类的信使、和平的象征。他连忙叫住了鸽子。鸽子说："我教你送信。晴天学会用太阳导航，晚上或是阴天就用地球磁场导航。"

听到鸽子介绍这么难的本领，啄木鸟连想也不敢想。

啄木鸟正感到伤心的时候，突然听到有人在说话。他飞过去一看，原来是两只鹦(yīng)鹉(wǔ)一边用像钳子一样的嘴咬碎坚果，用锋利的爪子刨抓果实吃，一边学说人类的语言。啄木鸟觉得他们肯定是非常聪明的鸟，一定能教会自己真正的本领。两只鹦鹉听完啄木鸟的来意，说："没问题，跟我们学说话吧。"可鹦鹉教了无数遍，啄木鸟连发音的方法都掌握不了。

啄木鸟失望极了，不禁哭了起来："我真是没救了！什么也学不会！"

哭声惊动了附近的喜鹊和杜鹃鸟，他们赶紧飞过来看个究竟。听完啄木鸟的叙说，他俩同时笑了起来，说："你的事包在我们身上！我们都会捉虫子。一只杜鹃鸟一个小时能捕捉100多条毛毛虫，喜鹊捉虫子也是高手。我们教你捉虫子的本领准行。"

"你看我有这种天分吗？"啄木鸟还是有些担心。

"能行，因为在这方面，你的嘴和身体比我们还有优势。你的舌细长又有弹性,像把弹簧(huáng)刀,舌头能伸出喙外十多厘米长,加上舌尖长着短钩,舌面还有黏液,舌头伸进洞内钩捕害虫正合适。你的脚上有两个足趾朝前,一个朝后,一个朝一边,趾尖有锋利的爪子,尾羽坚硬,能支在树干上,给身体提供支撑。还有,你的头骨非常坚硬,脑的周围又有一层绵状的骨骼,里面有液体,起到缓冲和消震作用,你怎么用嘴使劲敲树木,都不会得脑震荡的。"

啄木鸟一听这话,立即破涕为笑,说:"太好了！你们教我吧！"

就这样,喜鹊和杜鹃鸟教起了小啄木鸟。这回啄木鸟学得既快又好,捉虫本领很快就超过了喜鹊和杜鹃鸟。

你听,他现在多自信——树林中,他发出嘹(liáo)亮的叫声,就像人在高声大笑。他成了人类的朋友,人们都叫他"树木医生"。

昆虫运动会

每年春天,昆虫们都要举办一场大型运动会。今年也不例外。

广场上的喇叭正在介绍有关事项:"凡是靠足部运动的,可以根据特长,选择参加跳跃队或步行队;凡是以翅膀运动为主的,请参加飞行队;两项都参加者,另增设全能奖项。"

广播完毕,队伍便排好了。

首先进行的是飞行比赛。这一队的昆虫大都有两对翅膀——前翅和后翅;但也有的像蚊、蝇只有一对前翅,后翅蜕(tuì)化成平衡棍了;而像介壳虫、袋蛾类更独特,只有雄性有翅膀,雌性没有,只好去参加别的队了。更搞笑的是,像臭虫、跳蚤(zǎo)、虱(shì)子的翅膀完全蜕化了,只能参加跳跃队。

记分牌上显示的数字真让人吃惊:牛虻(méng)一小时连续飞行了40多千米,天蛾一小时竟连续飞行了50多千米!还有种小昆虫一分钟拍动翅膀达十几万次,让所有观众都惊呆了。

跳跃队和步行队的比赛很有趣,他们并不是完全比速度,更多的是比技巧,就像奥运会上的体操比赛。

蟋蟀表演的是跳跃,他后腿强劲有力,下部细长,跳得很远。

螳螂表演的是抓捕猎物。他的前足长而有力,像把大刀,上面还有许多小刺。他抓住一只猎物,猎物动都动不了。

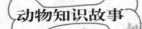

金龟子、蝼(lóu)蛄(gū)表演的简单就是劳动大赛,他们刨得尘土飞扬,一会儿就挖出了一条深洞。

你别看苍蝇让人讨厌,可他的本领真不小。他刚参加了飞行大赛,又来参加步行技巧赛。只见他在玻璃桌面上快速地爬过,接着爬上陡峭的墙壁,很快就爬到窗户玻璃上。不管走什么地方,他都像走平地一样快、一样稳当。

蝴蝶和蛾子也是参加了飞行表演,又来表演他们拿手的静止抓物动作,他们可以随时停下来,平停、倒挂都行。

瓢虫和蝽(chūn)象表演的是走 T 台,就像是参加服装表演。蜜蜂表演收集花粉的本领,引得满场喝彩。

表演结束,昆虫们列队绕场行走。奇怪的是,他们走的路线并不直。原来,他们的六只足并不是同时前进的,而是身体左边的前、后足和右边的中足为一组,右侧的前、后足和左侧的中足为一组,两组交替运动。真有趣!

昆虫王国旅行记

1 偷越边境

夏夜,群星灿烂,明月如盘,古老的大森林仿佛被轻纱覆盖着。就在这轻纱披覆的大森林中一棵高大的古树下,躺着一个"小机灵",正透着树叶和天上的星星一同眨着明亮的眼睛。

他便是这座森林里著名的旅行家甲壳虫豆儿甲先生。因为他顽皮、灵敏,而且身体圆如小豆,大森林里的小动物们都亲切地叫他"豆儿甲"。他是在和星星对话,还是在聆听蛙们的交响乐、蟋蟀们的琴声?都不是,他正在考虑一件极有意义的大事——去游玩拥有100多个种族的世界最大王国"昆虫王国"。

"要是能游玩一遍会多有趣!"豆儿甲躺在那儿,喃(nán)喃地重复着这句话,眼睛闪得比星星还快。虽然他自己也是一只昆虫,但他并没有身份证和通行证,而且他受过伤,已经没有飞行功能了。

豆儿甲心里明白,进昆虫王国绝不是件轻而易举的事,

因为昆虫王国明文规定,任何动物,没有特殊证件,不得入内;违者一旦被发现,严惩不贷(dài)!豆儿甲什么证件也没有,怎么办?他绞尽脑汁想办法。

树叶筛出的碎银般的月光洒在树根上,也撒在豆儿甲的身上;虫儿们的晚会更热闹了……这一切都吸引不了豆儿甲,他心里只有一个念头:如何进入昆虫王国。突然,一个奇怪的想法从豆儿甲的脑海里闪过:"偷越边境"——就是想方设法从昆虫王国边境偷越过去。

"这可是个好办法!"豆儿甲猛地坐起来,兴奋得叫出声。可是,他很快又平静下来,因为他想起昆虫王国边境那严密的布防:在与大森林接壤的边境,昆虫们安装了灵敏的雷达,还有几支装备精良的边防军,要想混过去,可比登天还难。但他左思右想,觉得这是唯一的办法了,于是决定铤(tǐng)而走险。

第二天晚上,天突然阴了,没有星星,也没有月亮,这可是偷越边境的大好机会。豆儿甲带上简单的行李,匆匆摸到边境的小沟旁,趴下身子,侧耳细听,没有任何动静,于是,便大胆继续悄悄地往前爬。

爬着爬着,突然,豆儿甲惊奇地发现,从两侧出现了两支长长的灯笼队。灯笼队快速移动,很快形成包围之势。豆儿甲瞪着眼,仔细地看了看。萤火虫提着亮闪闪的灯笼,蝗虫举着大刀,他们正飞快地向他冲来。

豆儿甲想往后退,好躲到一块大石头的后面,可是来不及了,巡逻(luó)的昆虫兵一下子围了上来,其中4名强壮的蝗虫兵冲到豆儿甲身边，一言不发，拿出绳子，胡乱地把他绑了起来。

"你们想干什么？怎么随便抓人？"豆儿甲一边大叫着，一边用脚狠狠地踢着绑他的蝗虫兵，拼命挣扎。

这些巡逻的蝗虫兵还是一声不吭，把豆儿甲塞进一辆破车子里，然后牢牢地关上门，拉着他，就"踢咚踢踏"地往回走。

不一会儿，豆儿甲又被拉出来，带进了一间大房子里。房子里亮着许多灯，强光刺得眼睛痛。房子中间摆着一张长桌子，桌子后面坐着一个威风凛(lǐn)凛的大个儿蝗虫，看样子像巡逻兵的头目。

一个巡逻兵走上前，深深地敬了个礼，低声对大个儿蝗虫说："将军！蝙蝠式雷达发现了一个偷越边境的家伙，我们很快就把他抓住了，现在带来给您审判。就在这儿。"说着，他指了指被绑着的豆儿甲。

"嗯，很好！你们干得不错！"大个儿将军点点头，接着，猛然转过头，瞪起圆眼睛，大声地问豆儿甲："你叫什么名字？"

"我叫豆儿甲——就是大森林里有名的那个豆儿甲。你们怎么随便抓人！快把我放开！"豆儿甲大声嚷嚷，使劲挣扎。

"你住在哪儿？"将军接着问。

"我说过了，就住在那边的大森林里啊！"豆儿甲气呼呼地说。

"有证件吗？"将军仍不紧不慢地问，但样子很凶。

"没有！"豆儿甲生气地回答；同时，也瞪起眼睛。

"那你来干什么？"将军的眼睛瞪得更大更圆了。

"我只是想看看你们昆虫王国,是来旅游的。因为我也是一只昆虫呀。"豆儿甲一本正经地回答。

"来旅游的?我看你是间谍(dié),来干坏事的!"将军突然站了起来,拍着桌子大声地叫,眼睛里闪着绿绿的光,可怕极了。

"不!我从不干坏事!是你们糊涂兵随便抓人!"豆儿甲可不怕他,也大声叫着。

"住口!这里只有我说了算!你没有证件就是间谍,间谍就得关起来,然后枪毙(bì)……"

将军还没说完,一个戴眼镜的蝗虫弓着腰,走了过来,转了一下小眼睛,小声地对他说:"将军,我看也可以先判他一段时间徒刑,让他好好地为我们干活,然后……"

"嗯,枪毙也好,判刑也好,首先都得坐黑房子。"将军打断了戴眼镜蝗虫的话,一挥手,凶狠地说,"把他关起来!"

4名蝗虫兵一拥而上,把豆儿甲架走了。豆儿甲又踢又叫,可是,他们谁也不理他。

他被关进一间黑洞洞的房子。

2　昆虫王国音乐会

豆儿甲在幽(yōu)暗的牢房中拼命叫喊,但无人理会。他又害怕又伤心,眼泪禁不住流了下来。

过了好一会儿,他渐渐地平静下来。他明白,叫声和眼泪并不能换来自由,现在唯一的出路就是想办法逃出黑房子。

　　"如果逃不了，一定会被枪毙或判刑的。枪毙就是'砰'的一枪，太可怕了；判刑也不成，他们会让我干繁重的活，我怎么游玩呢？"豆儿甲想到这儿，身体倚(yǐ)着墙。突然，一块尖石刺痛了他，他灵机一动：为什么不用它来磨断绳子？豆儿甲迅速蹲下，使劲地磨起绳子。尖石不时刺中他的胳膊，鲜血渗出来，但为了摆脱束缚(fù)，他顾不上疼痛了。在一阵猛烈的'呼哧呼哧'声响后，绳子断了。豆儿甲又获得了自由！他兴奋得差点叫出声来。

　　豆儿甲连忙站了起来，活动着身体，然后在黑房子里四处摸。他摸摸门，门是铁做的，一点儿缝也没有；他又摸摸墙，墙是泥土做的。这一下可有办法了！豆儿甲兴奋得一蹦老高。

　　要知道，豆儿甲还是个凿(záo)洞的能手，他家的房子就是他自己在地下凿出来的漂亮的小圆洞。豆儿甲立即趴到地上，用力地凿呀凿。只一会儿工夫，墙就被凿出一个圆洞洞，洞刚好能容下他一个身子。

　　豆儿甲悄悄地爬了出来。门外两名昆虫看守打着灯笼，还在来回走动着，一点儿也不知道呢。豆儿甲一口气跑进不远处的小树林，躺在一棵大树下，就呼呼地睡着了。

　　第二天，太阳挂上树梢，豆儿甲才醒来。他打了一个长长的哈欠，才想起昨夜发生的事。

　　"他们还会抓我吗？"豆儿甲坐在那儿想，"唉，我应该给自己造个假通行证。"

于是,他从口袋里掏出随身带来的一支笔和一张纸,给自己造了一张假通行证:

> 特别通行证
> 特准豆儿甲先生来我国旅游,
> 有关方面应给予方便。
> 昆虫王国外交部

有了"特别通行证",就什么也不用怕了,谁也不会来找麻烦的。豆儿甲在大街上到处玩,好像什么事也没有发生过。

下午,豆儿甲逛(guàng)到昆虫王国大戏院。这里将要举行一场盛大的音乐会,昆虫王国许多著名的歌唱家、演奏家都来了,外国大使馆的许多小动物也前来欣赏。什么哺乳国的袋鼠、鸟国的喜鹊、爬行国的乌龟、两栖国的青蛙、甲壳国的河蟹、多足国的蜈蚣、蛛形国的蜘蛛……都来了。他们个个穿着华丽,兴高采烈。豆儿甲也想进去,可是他没有票,因为通行证在这里是不能当票用的。

聪明的豆儿甲还有办法,他悄悄地趴到乌龟大使的背上,稀里糊涂的乌龟丝毫没察觉,把门的两名警察还以为豆儿甲是乌龟大使的孩子呢。

进了大戏院,豆儿甲轻轻地从乌龟大使的背上溜了下来,找个座位坐下。

不一会儿,音乐会开始了。第一个节目是小蜜蜂们合唱的

《圆舞曲》，然后是蟋蟀的小提琴独奏，接着是知了的男高音独唱，再接着是蚊子唱的《催眠曲》。

豆儿甲可不喜欢这些怪声怪调的歌，他站在小凳子上，四下里张望。他越看越觉得座位上那些昆虫听音乐的姿势很有趣，便禁不住大笑起来："嘻嘻，哈哈！哈哈！哈哈哈！"

正在台上低得哼唱催眠曲的蚊子被这突如其来的笑声吓得魂(hún)飞魄(pò)散，连忙飞到遮幕后面躲起来。台下的昆虫和动物大使们一个个伸长脖子，瞪着眼睛惊奇地看着豆儿甲。有几只胆小的昆虫，吓得钻到凳子的下面，一动不动。豆儿甲知道惹祸了，可是，自己还是止不住笑："哈哈！哈哈哈！"

这时，维持会场秩序的两名警察已经赶来，把豆儿甲推了出去，带进大戏院门边的"治安办公室"。

"治安办公室"里坐着许多昆虫警察，其中一个和善的警察过来查问："你为什么要扰乱音乐会会场秩序？"

"我只是笑笑，可没干坏事呀。"豆儿甲语气抱歉地回答。

"你为什么要笑？"

"他们听音乐的时候怪模怪样儿的，我就忍不住笑了。这可不能怪我呀。"

"你说谁怪模怪样儿的？"

"听音乐的时候，飞蛾挺着胸，张着翅膀；雄蚊子竖着两只小角辫；金钟儿翘着前脚；雌知了更有意思，挺着个大肚子。嘻嘻！哈哈！"豆儿甲说着说着，又禁不住笑起来。

"哈哈哈！"警察们也跟着大笑起来。

　　警察们大笑弄得豆儿甲莫名其妙，他惊奇地瞪着眼，一个一个地瞧。

　　狂笑之后，一位瘦高个儿警察走了过来，面带笑容，说："你看他们怪模怪样儿的，那正是他们在认真地听音乐呢。飞蛾的耳朵长在胸部，所以要挺着胸；雄蚊子是靠前面触角上的绒毛来听声音的，所以竖着两只小角辫；金钟儿的耳朵长在前脚上，所以翘着前脚；雌知了的耳朵长在肚皮上，所以挺着大肚子。"说着，警察们又大笑起来。

　　因为不是有意的，警察们没再说什么。豆儿甲被释放了。

　　豆儿甲刚走出治安办公室，一个大眼睛警察转了几下眼睛，立即站起来，对大家说："我看，这家伙有些像昨晚偷跑的间谍。我们应该先把他抓起来，审问一下再说。"

　　就这样，豆儿甲还没走多远，又被抓了回来。

3　繁华的大街

　　豆儿甲又被抓进"治安办公室"。他怒火万丈，大声嚷嚷："说好了放我走，怎么又往回抓！"

　　大眼睛警察走过来，上上下下仔细地打量着他，好一会儿才慢条斯(sī)理地说："我看你是间谍，就是昨晚逃走的那个间谍！"

　　"什么间谍！"豆儿甲气鼓鼓地说，"我是来旅游的。你们好好看看，我这里有特别通行证，还是你们外交部发的呢。"

　　说着，豆儿甲从口袋里掏出了那张自制的通行证，递给了大眼睛警察。大眼睛警察不识字,又递给了戴眼镜警察。戴眼镜警察捧着通行证,送到眼睛跟前,看了又看,可还是没有发现通行证上没有印章。最后,他双手递过通行证,抱歉地说:"噢,您有特别通行证,是来旅游的,应该欢迎。实在对不起!我们抓错了。请您多多原谅!没事了,您可以走了。"

豆儿甲扬起脸,一本正经地说:"你们以后少做这种令人不愉快的事!"说着,拿回通行证,大摇大摆地走了。

豆儿甲心里很高兴,没想到自己的假通行证真起到了作用。他越想心里越高兴,就又笑又唱地往大街上走:"嘻嘻,嘻嘻!123,12……"

豆儿甲来的这条大街是昆虫王国最热闹、最繁华的大街。大街上花花绿绿,摆着数不清的东西,美极了!在这里,可以买到昆虫王国所有的东西,还能看到许多新鲜事。

"太好了!太好了!上!再上一个!"

突然,不远处的平地上传来了叫好声。豆儿甲抬头看去,见是许多昆虫围观着什么,便好奇地跑过去,挤了进去。原来大家是在看两只蟋蟀斗架。一只强壮的大蟋蟀打败了小蟋蟀。大蟋蟀正举着两只

小刺蛾看我上去收拾你

手，左右一擦，得意地叫："你们谁敢过来和我比一比？"

旁边的一只胖蟋蟀听了这话，很不服气，大叫一声，跳了上去，什么也没说，他俩又打在了一起。只见他们不停地跳，不停地滚，你来我往，精彩极了。胖蟋蟀没打一会儿，就累得气喘吁吁，只好败退。

"太好了！太好了！再上一个！"豆儿甲看到这样精彩的场面，兴奋得拍手大叫。身边的瓢虫花大姐和知了大婶听了，用好奇的眼光看着这个外国朋友，一动不动。豆儿甲被看得窘(jiǒng)极了，羞得满脸通红，连忙悄悄地钻出来。

豆儿甲又来到了游艺场。在这里，毛足国的蚯蚓和爬行国的小壁虎正在表演游戏。小壁虎玩的是断尾巴游戏，他把自己的尾巴斩下来，尾巴在地上跳着，自己却一点儿事都没有。围观的昆虫个个看得目瞪口呆，都称赞小壁虎是爬行国里的"魔术大师"。

来自毛足国的蚯蚓玩的是斩身子的把戏。只见一只强壮的螳螂举着大刀，用力砍下去，把蚯蚓砍成两截(jié)。大家在一旁围观，都吓得捂住眼。可蚯蚓却说："没事！没事！再过两天会长成两条的，那一截也有一个头。"

"这样的游戏太可怕了，还是不看的好。"豆儿甲想着，赶紧溜了出来。

豆儿甲又逛到"昆虫王国大百货店"——这是昆虫王国最大的商店。商店里有蚕儿卖蚕丝、蚕茧和丝绸，有蝼(lóu)蛄(gū)卖钳子，有蟋蟀卖小提琴，有螳螂卖大刀，有知了卖风衣，有瓢虫卖花衣裳,有蜻蜓卖小飞机,有萤火虫卖灯笼……豆儿甲也想买几件带回去。可是,他身无分文,只好眼巴巴地看着,最多只能摸一下。

傍晚,豆儿甲逛到了蜂蜜商店。商店里,蜜蜂们正在忙着卖蜂王浆和蜂蜜罐(guàn)头。豆儿甲看着,感到饿得更厉害,肚子咕咕叫,口水直往下流。

"您想买点什么?"一只小蜜蜂见有客人光顾,连忙飞过来,热情地问。

"噢,那……当然。"豆儿甲抹抹口水,眼盯着好吃的东西说。

"我们店可以先品尝,觉得好,您再买。"小蜜蜂介绍着。

"先品尝,然后买?那太好了!你们的服务真是第一流的!"豆儿甲边说边拿了一瓶蜂王浆,咕咕咕喝了下去;接着拿了一瓶蜂蜜罐头,几口就吃了;然后又拿一瓶,也吃了。

豆儿甲吃饱肚子,抹抹嘴,若无其事地往外走。小蜜蜂连忙飞过来,奇怪地问:"先生,难道您……您不买了?"

"我只品尝,不买的。"豆儿甲说得很轻松。

"那您不能吃那么多呀!"小蜜蜂生气地说。

"可你只说品尝,没有说尝多少呀。"豆儿甲说得挺有理。

小蜜蜂没什么可说了,只得自认倒霉(méi)。

豆儿甲吃饱肚子,又去街头闲逛。突然,他觉得浑身难受,又疼又痒,急得直打滚。

"嘻嘻,嘻嘻!太好玩了!太好玩了!"从树上传来叫声。

豆儿甲抬头看去,只见树上有只刺蛾,正大把大把地撒着痒辣毛。瞧着这个可恶的家伙,豆儿甲怒发冲冠,这么欺侮人还成!他抄起一根树枝,一句话没说,就打了过去。刺蛾被打破了头,哇哇哭叫着。一旁的刺蛾哥哥看到了,急忙呼叫:"快来警察!抓住坏蛋!抓住他!"

不一会儿,一大批昆虫警察赶来了。蜻蜓架着飞机,螳螂举着大刀冲在最前面;蜜蜂拿着匕首,萤火虫提着灯笼,蝼蛄举着大钳跟在后边;还有蟑螂、蚂蚁、蚊子、苍蝇、瓢虫……知了吹着冲锋号,蟋蟀弹着进行曲,都在喊:"抓坏蛋!冲啊——"

豆儿甲知道惹了大祸,吓得扭头就跑。

豆儿甲在前面跑,昆虫警察部队在后面追。豆儿甲穿过树林,爬上了山,跑着跑着,一条山涧拦住了去路。豆儿甲探着头往下瞧,山涧深不可测,下面还在流着水呢。再扭头看去,昆虫大军紧随其后,他们边追边喊:"抓活的!抓活的!"

豆儿甲急得在山崖边直蹦跳,心里想:"这回抓住了,一定会被枪毙的;给他们枪毙,还不如自己跳下去,这样才勇敢呢。"

想到这儿,豆儿甲抱着头,一闭眼,一蹬腿,跳进了山涧……

4 奇怪的澡堂

豆儿甲摔死了吗?没有,山涧里有水呢。豆儿甲掉进了水里,只摔痛了屁股,没有伤着,他又爬了出来。警察们以为豆儿甲摔死了,都撤了回去。

豆儿甲浑身透湿,满头满脑都是泥,通行证也模糊不清。

"我得找个澡堂洗个澡。"豆儿甲心想。

可是哪儿有澡堂呢？豆儿甲向趴在小树枝上的知了阿姨打听："蝉阿姨，您知道哪儿有澡堂吗？"

知了阿姨没有说话，只是用手比比划划的。原来雌知了都是哑巴呀。旁边的蝉叔叔连忙爬过来，说："我们大多数昆虫是不洗澡的，所以这儿没有昆虫澡堂，只有一家外宾浴(yù)室，专门供外国朋友用的。就在那儿。"蝉叔叔说着，用手指了指。

豆儿甲不一会儿就找到了那家"外宾浴室"。这是一座结构精巧、装潢(huáng)别致的浴室。见有外国客人来了，卖票的蝴蝶姑娘热情地介绍说："先生，我们这儿有灰粉池、清水池、蚂蚁清洗池和淋浴池，不同的池子有不同的洗法。您洗哪一种？"

豆儿甲可不知道这些，就随便说了一句："挨个儿洗。"

"先生，那您请进吧。"蝴蝶姑娘微笑着说，"洗好了再付钱。"

豆儿甲进去了。他先进了灰粉池，只见许多小麻雀正在灰里不停地打着滚，扑扇着翅膀。

"这也是洗澡吗？"豆儿甲感到十分诧异，就走上前去问："麻雀朋友，你们这是干什么呀？"

"洗澡呀。你也来吧。"麻雀们一边扑打着翅膀一边回答。

真是世界之大，无奇不有。因为有趣，豆儿甲也脱下衣服，跳进灰粉池，打起滚来。可是，他不但没有洗净身子，反而越洗越脏,变成了一个灰溜溜的豆儿甲!逗得麻雀们叽叽叽地直乐。豆儿甲气呼呼地跳出来,急忙来到附近的蚂蚁清洗池。

在蚂蚁清洗池里,喜鹊、乌鸦、鹦鹉……懒洋洋地趴在里面,一动不动,许许多多小蚂蚁在他们的身上爬来爬去。豆儿甲觉得更新奇了,这叫什么洗澡!

豆儿甲也学起他们的样儿洗起澡。可是,他刚趴下,就有一只小蚂蚁爬过来,朝着他的屁股猛咬一口,痛得他如皮球般跳起来,"哎哟哟"摸着屁股叫。屁股上已经长出了一个红红的小疙瘩。鸟儿们见了,叽叽喳喳大笑起来。豆儿甲气愤地骂了一句,蹦蹦跳跳来到清水池。

清水池里可热闹了:青蛙在跳上跳下;乌龟在爬来爬去;小牛和小猪泡在水里,呼呼地喷着水;还有许多鸟儿扑扇着翅膀,点着水洗澡呢。

豆儿甲心想,跳进水池洗个澡一定很舒服。可是,池水很深,像豆儿甲个儿这么小,又不会游泳,下去可就生死难料了。

豆儿甲转了一圈,叹了一口气,惋(wǎn)惜地离去,来到淋浴池。

淋浴池里,水龙头像下雨一样喷着,许多燕子上上下下翻飞着洗淋浴。豆儿甲向燕子们打着招呼:"小燕子,你们好!"

"你好,朋友! 来洗淋浴吧。"

豆儿甲来到水龙头下,小水滴落在他身上,舒服极了!不用一会儿,灰溜溜的豆儿甲又变成干干净净、漂漂亮亮的豆儿甲了。

豆儿甲洗了很长时间,才恋恋不舍地穿上衣服往外走。到了门口,卖票的蝴蝶姑娘拦住他,很有礼貌地说:"先生,您洗了4种池子,洗干净一次是1块钱,一共是4块钱。我都算好了。"

"4块钱?"豆儿甲心想,"就是1块钱我也没有啊。这可怎么办?"

5 现代昆虫舞大赛

豆儿甲真是聪明绝顶!他转了转眼睛,突然仰起头,冲着蝴蝶姑娘说:"照这么说,是你付钱给我才是呀。"

"真奇了!"蝴蝶姑娘眨着眼睛,奇怪地说,"你用我们的池子,还让我付钱给你吗?"

"对呀!"豆儿甲说,"干净一次,我应该给你1块钱;脏一次,那你应该给我1块钱。我去了4个池子,清水池我只看了看,灰粉池弄脏了我,蚂蚁清洗池里的蚂蚁咬痛了我,只有在淋浴池我才洗干净了。两坏一好,就像两个减,一个加。你学过算术吗?1+1=2,2-1=1。你得给我1块钱,不是吗?"

蝴蝶姑娘被豆儿甲说的这些话弄得晕头转向。她在心里算了算,又拿着算盘打了好半天,最后,她稀里糊涂找了豆儿甲1块钱!

豆儿甲得到1块钱,高兴地拉着蝴蝶姑娘的手,只说了一句话:"美丽的蝴蝶小姐,你真是太好了!"

蝴蝶姑娘也很高兴,因为有人夸她美丽,这还是头一回呀!

豆儿甲来到大街上,天色已晚。他花5角钱在一家旅馆住了下来。

第二天,豆儿甲起得很晚。

今天,阳光灿烂,但大街上很冷清。豆儿甲一打听才知道,大家都去看"昆虫王国现代舞大赛"了——这是昆虫王国规模最大的舞蹈比赛。

"我应该去看一看。"豆儿甲心想。

来到大戏院门前,看看广告栏:"票价5毛。"豆儿甲把5张1毛的,一张一张递给了售票员,买了一张票。

舞蹈比赛刚刚开始。主持节目的是一位风度翩(piān)翩的花蝴蝶小姐,和一位穿着漂亮红外衣的空中小姐红蜻蜓。

第一个节目是螳螂们的《大刀舞》。他们个个穿着绿袍,背负长刀,像练兵一样,神气十足,走起路来步伐整齐,而且很响。

接着是蝴蝶姑娘们的舞蹈《春姑娘和花》。她们扇着美丽的翅膀,时快时慢,在花丛里飞舞着。优美的舞姿让观众叹为观止。大家使劲地鼓着掌,还喊着:"再来一个!再来一个!"

然后是蟋蟀们的《迪斯科舞》。他们只会蹦来蹦去,不但毫无节奏感,而且舞步生硬。表演结束,台下只有说话声,没有谁鼓掌。

再接着是蜜蜂们的《圆舞》。她们绕着圆跳,然后又变成"8"字形。还有一只小蜜蜂在伴唱:"小蜜蜂,嗡嗡嗡。飞到西,飞到东。采花粉,爱劳动。"

然后是苍蝇和蚊子跳。他们只会上下、前后飞，嘴里"嗡嗡"哼叫不停。台下一片喝倒彩声。

接下去是蜻蜓们的舞蹈《飞行健将》。他们平伸翅膀，还能在空中稍作停顿，然后来一个急转弯。他们上上下下、前前后后翻飞着，像一架架灵活的小飞机，而且神采飞扬，精神抖擞(sǒu)。台下掌声一片。

最后是萤火虫们的舞蹈《小星星》。这时候，舞台上的灯灭了。萤火虫们像点点繁星，一眨一眨的，还一会儿变成圆，一会儿变成花，图案变化无穷，让大家大饱眼福。

表演结束，宣布分数。结果蝴蝶和蜜蜂得了第一名，萤火虫和蜻蜓得了第二名。她们都拿到了精致的小奖杯。

看到如此精彩的舞蹈，豆儿甲心花怒放，激动不已。他也跑上台，握着蝴蝶和小蜜蜂的手，兴奋地说："祝贺你们！祝贺你们！你们跳得太好了！"

说着说着，豆儿甲一不小心，碰掉了小蜜蜂手里的小奖杯。只听"叭"的一声，奖杯被摔成两瓣。小蜜蜂伤心地扇着翅膀，哭叫起来："赔我的！赔我的！赔我的小奖杯！"

6 在蜜蜂家做客

打碎了小蜜蜂的奖杯，豆儿甲被吓坏了，他急忙向小蜜蜂道歉："小蜜蜂，我不是故意的，真的不是！"

小蜜蜂不理他，只是一个劲地哭叫："赔我的！赔我的小奖杯！”

蜜蜂妈妈见了，连忙飞过来，轻轻拍着小蜜蜂说："别哭了，大家都知道你是第一就行了。再说，他是祝贺你的，也不是故意的。"

"他应该说对不起。"小蜜蜂一边擦着眼泪，一边说。

豆儿甲红着脸，赶忙说了声："对不起！"

小蜜蜂不哭了，很不乐意地说了声："没关系。"

蜜蜂妈妈很高兴，就邀请豆儿甲去家里做客。

蜜蜂家住在草丛中一座漂亮的楼房里，楼房里有数不清的小房间，房间各有分工：有的房间在酿(niàng)蜜，有的房间在造蜂王浆，有的房间在制药，有的房间在制造蜡纸和蜡笔……蜜蜂姐姐姑娘和阿姨们进进出出，忙个不停：有的在修蜂房，有的在打扫卫生，有的在喂孩子，有的在站岗值班……

豆儿甲正看得出神，蜜蜂妈妈问话了："你叫什么名字？"

"我叫豆儿甲。"

对不起

"噢，豆儿甲，很好听的名字。你是来我们昆虫王国玩的吗？"

"是的，是来旅游的。"

"来，随便吃点吧。"蜜蜂妈妈拿来许多蜜糖和一大瓶蜂王浆(jiāng)。

"这都是我们蜜蜂用

自己的劳动创造的。"蜜蜂妈妈说。

"你们蜜蜂真了不起！"豆儿甲赞叹着。

豆儿甲一边吃，一边看着忙碌的蜜蜂。突然，他惊奇地发现，在蜜蜂家干活的全是女孩子。这是怎么回事？

"你们家为什么全是女孩子呀？"豆儿甲好奇地问。

"噢，她们都是我的孩子，她们叫工蜂，是不能生育的，她们只有工作。我是她们的妈妈，她们叫我蜂王。她们的爸爸雄蜂许多天前就死了。"说到这儿，蜜蜂妈妈有些难过。

正在说着话，突然门外有个蜜蜂跳起"8"字形的舞。

"她为什么高兴得跳起舞？"豆儿甲好奇地问。

"噢，她是在远处找到花了。"蜂王笑笑说，"如果花源很近，她就跳圆形舞。我们通过这种舞来判断花源有多远、花有多少。"

"原来是这样。"豆儿甲点点头。

"假如花源很远，小蜜蜂们飞去了，她们会认识回家的路吗？"豆儿甲接着问。

"当然认识。"蜂王说，"我这儿还有个故事，你听后就明白了。"于是，蜂王讲了一个有趣的故事。

7　认路的行家

从前，法国有一位伟大的昆虫学家，名字叫法布尔。有一天，有人对法布尔说："蜜蜂是认路的行家，你就是把他们送到遥远的地方，这些可爱的小昆虫也会自己飞回来的。"

法布尔觉得太新奇了，难道这是真的吗？

"对了,我应该去做个实验,这样不就知道了吗?"法布尔在心里盘算着。

于是,他来到自己的蜂箱前,找出了 40 只小蜜蜂,再把每只小蜜蜂的背上涂上白颜色——这样才好区分呀。

"阿格莱,你来当看守员。"法布尔对他的女儿说,"你一看到白色记号的蜜蜂回来,就把时间记下来。放出蜜蜂的时间我来记。"

法布尔带着这 40 只有白色记号的小蜜蜂向远处走去,一直走了 4 千米。于是,他打开箱子将他们放出来。可是,只有 20 只飞走了,另外 20 只的翅膀被弄伤了,怎么也飞不走。

就在这时,天突然暗了下来,大风呼呼地吹。

"这些可爱的小生命能回家吗?他们能认识路吗?"法布尔心里很担心。

他匆匆忙忙地往回赶,刚一到家,女儿阿格莱就大叫起来:"爸爸,有两只标着白色记号的小蜜蜂回来了,她们还采了花粉呢!时间是 2 点 40 分。"

放飞的时间是两点,这么短的时间飞了 4 千米,还采了花粉!

"啊,真了不起!会这么快!"法布尔也激动地叫起来。

过了一会儿,又有 3 只回来了。这时,天已经晚了。

"还有 15 只可能回不来了。"法布尔心里想。

可是,第二天早上法布尔来检查的时候,他惊奇地发现,剩下的 15 只全部回来了!

豆儿甲在蜜蜂家吃的很多,玩得很晚。临别时,好客的蜜蜂妈妈还送给他许多蜜糖呢。

豆儿甲没走多远,又碰上一群蚂蚁。蚂蚁们忙得挺欢。他们是在干什么呢?

8　去蚂蚁家

豆儿甲仔细地看着不远处忙忙碌(lǜ)碌的蚂蚁,这才发现,他们正在搬着一根大骨头。

"蚂蚁的力气真大,能搬起那么大的骨头。我应该去帮帮他们。"想到这儿,豆儿甲急忙跑过去,帮着他们一起抬。

大骨头终于被搬到了家门口,蚂蚁们非常感激豆儿甲,就热情地邀请他去家中做客。

有小蚂蚁领着,把门的兵蚁很有礼貌地让豆儿甲进去了。

蚂蚁的家是一条很长的地道,旁边有许多小洞口,里面很暗,但地面和墙壁都粉刷得很干净。看起来就知道,蚂蚁们是很讲究卫生的。

地洞里有许多小蚂蚁在忙着:有的在喂孩子,有的在打扫地道,有的在搬运东西……可热闹着呢! 蚂蚁的家活像一座地下城市。更有趣的是,小蚂蚁们都用头上的触角相互碰一碰来说话。豆儿甲只好看着,根本不知道他们在说什么。

豆儿甲看了他们递过来的介绍才明白:蚂蚁是地球上最常

见、数量最多的昆虫，世界上已知有 9000 多种，群体有着严密的社会性。蚂蚁寿命很长，工蚁能生存几星期至七年，蚁后可存活十几年或几十年。

蚂蚁们很热情地招待了豆儿甲。尽管桌子上摆满了美味佳肴(yáo)，豆儿甲却一点儿也不喜欢；更讨厌的是，蚂蚁家有一种特别的气味，异常难闻。其实，蚂蚁们正是靠这种特别的气味来辨别自家成员的呢。

因为不习惯，豆儿甲只坐了一会儿，就告辞了。热情的蚂蚁们一直把他送到洞口外，还邀请他下次再来。豆儿甲连声说着"谢谢"。

豆儿甲走在大街上，前方不远处处传来的嚷嚷声吸引了他。他急忙蹦蹦跳跳往前跑，发现许多昆虫正在吵着、闹着，旁边还站着一大群警察，一个个怒气冲冲的。一位戴眼镜的蝗虫法官站在中间，拿着喇叭怪声怪调地喊着："别吵了！别吵了！有什么事，明天法庭上再说吧。我要一个一个地审判，决不饶恕(shù)那些可恶的家伙！"

"看样子出事了。"豆儿甲心想，"明天我一定得去看看。"

那么，究竟出了什么事呢？

9　昆虫王国审判会

第二天，豆儿甲起了个大早。因为他要去参加审判大会，想弄清楚昨天究竟出了什么事。

今天，昆虫王国的主要代表都来了，大家表情严肃，谁也不说一句话。豆儿甲费了好大的劲才挤进昆虫群里。

昆虫王国史上最大的一次审判大会开始了。主持审判会的是戴眼镜的蝗虫审判长，他的两边坐着蚂蚁副审判长和蜜蜂副审判长。昆虫王国的成员代表一动不动地坐在台下。旁边站着许许多多拿刀持枪的昆虫警察，他们也一动不动，像木雕的一样。

豆儿甲挤到了第一排的最左边，坐了下来。没有谁注意到他。

蝗虫审判长咳嗽了两声，哑着嗓子宣布："审判大会现在开始！"

他停了一下，四下里看了看，接着喊："这一段时间，大家知道，我们昆虫王国很不安宁，许多王国的成员被杀；而杀我们王国成员的，大多数就是我们王国里的昆虫！对于这些可恶的坏蛋，我们决不能饶恕！我们应该……"

审判大会

蝗虫审判长的话还没说完，苍蝇就抢先站起来，嗡嗡嗡大声地嚷着："螳螂都是坏东西，他们吃掉了我们许多苍蝇。公道的审判长先生,您要替我们说话呀!"

苍蝇话音刚落,蟋蟀连忙跳起来,结结巴巴地说:"螳螂还……吃掉了我们……当中的许多呢。"

菜粉蝶跟着扑着翅膀飞出来,装出可怜的样子,哭着说:"可恶的螳螂还吃掉了我们许多孩子。审判长,您也得替我们说话呀!"

这时候,蚊子也迫不及待飞了出来,哼哼唧(jī)唧地说:"蜻蜓也是些大坏蛋,他们吃过蚊子千千万!"

"蜻蜓还吃过我们飞蛾!"飞蛾跟着大叫。

"也吃过我们中的许多!"苍蝇也在怒吼。

坐在最前面的蚜虫活动了好半天才站了出来,细声细气地说:"七星瓢虫花大姐,简直把我们当粮食吃!"

看到群情激奋,蝗虫审判长站了起来,拍了拍桌子,摘下眼镜,环视告状的昆虫,严肃地叫嚷:"肃静!肃静!现在,大家听我说,我们昆虫王国确实有许多坏蛋,除了刚才大家说的以外,萤火虫也是一个!我收到过外国朋友的来信,他们说,萤火虫曾经给钉螺(luó)和蜗牛注入麻醉剂,然后把他们变成糨糊一样的东西吃掉。"

停了一下,蝗虫审判长接着说:"另外,还有一些昆虫,他们是可恨的间谍!他们经常请鸟国的仇敌来吃我们。对这些昆虫,我们应该严加惩处!"

苍蝇、菜粉蝶、蚊子、蚜虫、知了、刺蛾、蝗虫……听了这话,都站起来,大声地叫:"对,应该枪毙他们!"

就在这时候，勇敢的螳螂站了出来，背着大刀，走到台上，大声地说："我是吃过许多苍蝇、蟋蟀和菜青虫，还吃过毛虫、甲虫和金龟子呢。可是，大家知道，苍蝇吸过人血和动物血，还吃过人类家中的饭菜，传染过疾病；蟋蟀害过农民伯伯的庄稼；菜粉蝶的孩子菜青虫专门吃农民伯伯种的青菜。他们才是真正的坏蛋，除掉的应该是他们！"

七星瓢虫花大姐也站了起来，怒气冲冲地说："我是吃过蚜虫，也吃过介壳虫。可那都是为了保护庄稼和树木！"

蜻蜓气愤地飞了出来，说："我吃过蚊子，也吃过飞蛾，因为蚊子是吃人血和动物血，传染疾病的坏蛋，飞蛾是危害庄稼的坏蛋，吃他们是应该的！"

萤火虫更是不服气地说："审判长，钉螺是坏蛋血吸虫的帮凶，蜗牛是经常危害庄稼的坏蛋，难道不应该吃吗？"

蜜蜂、蚕宝宝、小蚂蚁也都义愤填膺(yīng)："许多鸟来我们昆虫王国，是专门吃坏蛋的，我们应该欢迎。"

听着听着，蝗虫审判长的眼睛越气越圆，胸腹上上下下地动着。他大叫着："不许你们胡说！你们是昆虫王国的成员，应该忠于王国，竟敢危害我们王国的成员，应该全部枪毙！"

一听这话，豆儿甲满腔怒火。他一下子跳起来，大吼一声："把糊涂审判长赶下去！"

蝗虫审判长一看，是个外国东西骂他，圆圆的眼睛都鼓了出来，发出绿绿的光。他哑着嗓子大声喊道："把这个间谍抓起来，枪毙掉！"

10 昆虫大战

听了蝗虫审判长的话,蝗虫警察带领着苍蝇、蚊子、蚜虫、蟋蟀、蝼蛄、知了、蟑螂、天牛、菜粉蝶、刺蛾……一齐冲向豆儿甲,他们想抓住他。

就在这时,勇敢的螳螂警察带领着蜻蜓、蜜蜂、蚂蚁、萤火虫、瓢虫、蚕宝宝……一齐冲上去,拦住了蝗虫他们。

"上!把螳螂他们全都杀掉!"

蝗虫大声地喊叫着,凶狠地向螳螂咬去。

螳螂他们并不害怕,沉着应战。两派昆虫打起来了。

螳螂举着大刀砍,蜻蜓用钩爪抓,蜜蜂用嘴上的尖刀刺,蚂蚁用嘴叮,萤火虫用灯照,瓢虫和蚕宝宝喊着"加油"……

听到叫喊声,昆虫们纷纷赶来助战。昆虫越聚越多,都在喊着:"打!打!"

两派昆虫打在一起,打得难以分清谁和谁。

豆儿甲拿起椅子,却无从下手。

"为什么不去请鸟儿们来帮帮我们呢?"他突然想出一个好主意。

于是,豆儿甲放下椅子,把蜻蜓飞行员叫到一边。

"我有个好办法。"豆儿甲高兴地说。

"什么办法？快说！"蜻蜓飞行员焦急地问。

"我们去请鸟儿们来帮忙，不是很好吗？"

"哎呀，太好了！我怎么没想起来！"蜻蜓飞行员兴奋得扇起了翅膀，"来，我带着你，咱们一块儿去。"

说完，他停下驾驶的小飞机，带上豆儿甲，开足马力，飞快地驶向鸟国。

"鸟国很远吗？"豆儿甲问。

"不远。鸟国和我们昆虫王国本来是很好的邻邦，自从鸟国飞行部队经常攻打害虫以后，我们两国关系开始紧张。但是，他们对我们益虫还是友好的。"蜻蜓飞行员一边说一边加速飞行。

他们飞过一片草地，又飞过一座小山，还飞过几条小河和一片树林，进入了鸟国。

"喂，前面的小飞机快停下来；要不，我们可要进攻啦！"

喊话的是老鹰，他正领着一支飞行巡逻队朝蜻蜓和豆儿甲飞过来。

"会出事吗？"豆儿甲很担心，因为他和蜻蜓飞行员都没有出国证件呀。

11 飞行部队助战

听到了喊话，蜻蜓飞行员赶紧把小飞机停在一棵小树上。

"他们会抓我们吗？"豆儿甲担心地问。

"不会的。益鸟和我们益虫一样，都是人类的好朋友。"蜻蜓飞行员说。

"你们为什么随便飞越我们鸟国边界？"老鹰也停在树枝上，粗声粗气地问。

"噢，老鹰队长，我叫蜻蜓。我们昆虫王国出事了，益虫和害虫打了起来。我想请你们鸟国飞行部队帮帮我们，共同除去害虫，为人类做好事。"蜻蜓飞行员很有礼貌地解释。

"噢，原来是这样。"一听这话，老鹰队长似乎很高兴，"你们跟我一道去，把事情报告国王。"

国王听说昆虫王国发生了混战，立即找来鸽子将军，命令他率领一支飞行部队，火速飞往昆虫王国，帮助益虫，消灭害虫。

鸽子将军立即集合白头翁、喜鹊、山雀、百灵鸟、乌鸦、啄木鸟、杜鹃、黄鹂(lí)、燕子等组成一支飞行部队。这些鸟都是鸟国有名的捕虫能手。

有豆儿甲和蜻蜓飞行员领着，他们很快就赶到了昆虫王国。

益虫们见到鸟国飞行部队，都兴奋得欢呼起来："鸟国飞行部队来啦！鸟国飞行部队来啦！"

害虫们见到了飞行部队，吓得抱头鼠窜，边逃边叫："不好了！鸟国飞行部队来啦！快跑啊！"

可是，他们哪里逃得了鸟儿们的眼睛！

白头翁吃掉了许多蚜虫，黄鹂吃掉了许多飞蛾，山雀吃掉了许多天牛和刺蛾，燕子吃掉了许多苍蝇和蚊子，百灵鸟、喜鹊和乌鸦吃掉了许多蚱蜢、蝗虫和蝼蛄……剩下的一些害虫，吓得躲进了一座大城堡里，怎么也不敢出来。

这时候，太阳西落，天色将晚。

"我们应该把剩下的害虫也消灭掉。"鸟将军坚决地说,"要不,他们逃出来还会做坏事的。"

可是,怎么才能把害虫们弄出来消灭掉呢?冲进去是很危险的。大家想来想去,就是想不出好办法。

"我有办法!"突然,豆儿甲叫了起来。

"快说!是什么办法?"大家焦急地问。

"萤火虫,你们都过来,把灯笼点亮。快来!"豆儿甲叫着。

萤火虫们都按他说的去做,灯笼照得通亮。

"这是干什么呀?"大家很奇怪。

"许多昆虫,像蝗虫、知了、苍蝇、飞蛾,都有趋光性——就是喜欢向有光照的地方去。灯笼一照,他们就会被引出来的。"豆儿甲解释。

豆儿甲的话刚说完,就有许多昆虫悄悄地爬出城堡,向萤火虫的灯笼队飞来。接着,所有的害虫都挤了出来。

躲在两边的鸟儿和益虫立即冲过去,封住城堡的大门。害虫们再也逃不回去了,只得乖乖地做了俘虏。

害虫俘虏被关在一间很大的黑房子里,螳螂带着许多昆虫警察看着。他们是逃不了的。

12 在审判害虫的大会上

第二天,要举行一场审判害虫的大会。

今天,参加审判会的昆虫特别多。一大早,益虫们就兴高采烈地来到会场,说说笑笑,像过着盛大的节日。

害虫们被押来了,一长串,个个低着头,弓着腰,哆哆嗦嗦,一副可怜的样子。

戴眼镜的螳螂审判长主持大会。他拿着喇叭,高声宣布:"大家静一静。审判大会现在开始!"

台下呼啦啦鼓起掌来。

"今天,我们要在这里审判害虫。"螳螂审判长接着说,"战争已经结束了,但是,战犯应当受到审判。战犯是谁呢?就是蝗虫这一帮害虫!战争完全是他们挑起来的!他们的罪行很多。现在,带上他们,让他们自己交代!第一个——蝗虫!"

蝗虫连忙跪下,缩着脑袋,哆哆嗦嗦地说:"我是吃草叶的害虫,经常危害庄稼,也是这场战争中的主要战犯。我有罪!"

"第二个——蟑螂!"审判长接着叫。

"我是人类家里的害虫。"蟑螂战战兢(jīng)兢地说,"我吃过人类家中的菜、肉、衣服和书,还传染过疾病。"

"第三个——天牛!"

天牛走过来趴在地上,身体一缩一缩地说:"我是一种钻心虫,专门吃树里面的肉。许多杨树、柳树、楝(liàn)树、椿树都被我害死过。"

"第四个——刺蛾!"

刺蛾有气无力地说:"我吃过许多叶子。天冷的时候,我就变成茧。第二年春天,茧又变成飞蛾,危害庄稼。"

……

害虫把他们做过的坏事都说了。最后一个押上来的是知了。知了狡黠(xiá)地看看四周，说："天热的时候，我们知了只是叫一叫，从不干坏事。"

一听这话，一旁的鸟国医生啄木鸟立即站起来，气愤地驳(bó)斥(chì)道："胡说！知了，你们干的坏事还少吗？你们的嘴像针管一样，细而尖，经常刺进树干吸汁液；你们还把卵产在刺破的树根里，在你们飞出之前，就已经吃了三四年的树根汁液了。许多树就是被你们给折腾死的！我是森林医生，这些我是知道的！"

听了啄木鸟医生的话，知了低下头，不敢再说话了。

最后，螳螂审判长大声宣布："刚才，大家都听到了害虫们交代的罪行，他们才是真正的坏蛋，是应该受到惩罚的！"

停了一下，审判长接着说："今天的大会至此结束。为了昆虫王国的安宁，为了保护草木庄稼，我宣布：把害虫俘虏全部关起来，叫他们永远做不成坏事！"

除掉了害虫，益虫们高兴极了！他们举行了盛大的集会，庆贺胜利。

昆虫王国的国王高兴得像小朋友过生日似的。他把豆儿甲和鸟国飞行战士们请到自己家里做客，准备了许许多多好吃的东西，还给他们每个功臣颁发了一枚很漂亮的小奖章。

动物之间的故事

青蛙和癞蛤蟆、长颈鹿和梅花鹿、狮子和老虎、马和河马、鱼和鲸、牛和犀牛、小猪和乌鸦、山羊和骆驼、杜鹃鸟和苇莺……这些动物之间到底发生了什么事？你想知道吗？下面精彩的故事会告诉你的。你读了它们，不仅知晓了答案，还会获得许多有关动物的有趣知识。

长颈鹿和梅花鹿比本领

一天,梅花鹿遇见了长颈鹿,他感到很奇怪,这种动物的个子那么高,而且也穿着带有美丽花斑的外衣。

梅花鹿忍(rěn)不住上前问道:"你叫什么名字?怎么也穿着带花斑的衣服呀?"

长颈鹿呵呵一乐,笑着说:"我叫长颈鹿。我认识你,你叫梅花鹿,对吧?你在背脊(jǐ)两旁和身体下缘(yuán)也镶(xiāng)嵌(qiàn)着许多排列有序的白色斑点,就像粘着梅花。有了这种花纹,我们这种花纹叫保护色,我们在树林和草地上走,就不容易被敌人发现了。"

一听他也叫"鹿",梅花鹿更来劲了。他抬起头,看着他的长脖子说:"你的脖子也太长了,差不多有两层楼高吧,这会得高血压病的呀。"

长颈鹿点点头说:"没错,我们个子太高,就必须拥有比普通动物更高的血压,才能让心脏把血液输送到大脑。我们的血压大约是成年人的 3 倍,但这对我们来说才是正常的。个子高才好啊,我们住在非洲比较干旱的地方,在非洲大草原上,我们可以吃到其他动物无法吃到的树顶上的新鲜嫩叶与树芽。你们生活在亚洲东部,那儿草多,低头吃草就可以了。"

长颈鹿似乎在夸自己的长脖子,这让梅花鹿有些不服气。

他抬头看到长颈鹿头上也有角,便说:"你们也有角?"

"当然有,我们雌(cí)性、雄性都会有一对角,终生不脱落。而你们只有雄性才有。"长颈鹿好像越说越得意。

"可我们雄性头上有一对实角,角上有四个杈,角尖稍向内弯曲,非常锐利。旧角会在每年四月脱落,再生长出新角,人们可以采到价值很高的鹿茸(róng)。角脱落后还会重新长出来。我觉得还是我们的角比你们的好。"梅花鹿说着,得意地笑了。

长颈鹿见梅花鹿要和自己比本事,便不想理他了,走到河边喝起水。这时,梅花鹿又说话了:"你的长脖子和细长的腿也不见得好,这样饮水多不方便,还要叉开前腿或跪在地上才能喝到水,这样喝水还非常容易受到敌人的攻击。"

听到这话,本来想走开的长颈鹿不高兴了。他说:"所以我们是群居,一般十多头生活在一起,有时多到几十头。我们通常不会一起喝水的。我们喝水时是比你们费力,但我们是陆地上最高的动物。眼大而且突出,长在头顶上,适合远望。我们还会不停地转动耳朵寻找声源,确定平安无事,才会继续吃东西。我们的舌头伸长时长达 50 厘米,吃树叶灵巧又方便。"

说到这儿,他有意停了下来,神色紧张地说:"我看到远处好像有一只狮子在活动。"

梅花鹿一听这话,吓得撒腿就跑。长颈鹿也跟着跑起来,不一会儿就追了上来。

"你不用跑了,我说着玩儿呢。"长颈鹿笑着说。

梅花鹿这才停下脚步,说:"我比你先跑,你都能追上来。你跑步怎么这么快呀。"

"这就是我们长腿的作用。我们都一样,没有尖利的牙齿和锋利的爪子,遇到敌人只能靠跑。我们跑得比狮子都要快,能以每小时 50 千米的速度奔跑。要是实在跑不掉,我们的大蹄(tí)子也是很有力的武器。"长颈鹿说,"当然,你们行动也很敏捷,听觉、嗅觉都很发达。四肢细长,蹄窄而尖,奔跑能力也是非常好的,特别是跳跃能力更强,尤其擅长攀登陡坡,还能在灌木丛中穿梭(suō)自如。"

听长颈鹿这么夸梅花鹿,梅花鹿这回高兴了。他不好意思地说:"你们的本领真不小。"

临分别时,梅花鹿又忍不住问了长颈鹿一个奇怪的问题:"你们说话怎么那么特别呢?"

长颈鹿说:"噢,那是因为我们没有声带。人们总以为我们不会发声,其实我们是能发出一些声音的。我们经常在找妈妈或同伴时就会发出声音,只不过声音又轻又小。人们常说,沉默是金。我们认为还是少发出声音为好。我还告诉你,我们还有个特别的地方——我们是站着睡觉的,这样便于发现敌人并立即跑开。"

"谢谢你!我今天总算学到了不少东西。"梅花鹿摇着小尾巴说。

狮子和老虎谁厉害

表演结束，马戏团的叔叔把两只铁笼子放到了一起，它们一只装着狮子，一只装着老虎。

叔叔刚一离开，他俩就争论了起来。

狮子首先开了腔(qiāng)："你凭啥在头上长个'王'字？幸好你们只生活在亚洲东南部，要是敢到我们非洲，我们会把你们撕得粉碎！"

听了这话，老虎双目圆睁，大叫道："我们是'百兽之王'，在猫科动物中，我们的犬齿最长、爪子最大。我们反应敏捷，跑时有速度，搏(bó)斗时有力量。看我的前肢，一次挥击力量就有1000千克，爪子能刺入11厘米的深度，一次跳跃最长有6米。你行吗？你要是让我撞见，非咬断你的喉咙！"

"那有什么了不起！"狮子吼道，"我们体型巨大，我们非洲雄狮平均体重就有185千克，身长达两三米。我们雄狮还长着长长的漂亮的鬃(zōng)毛。别说打架，就是我们的样子也能让各种动物吓得屁滚尿流！"

"别吹牛了！"老虎越说越生气，"世界上最大的猫科动物是我们，我们敢攻击大象、鳄鱼、犀(xī)牛、熊这样的大型动物，你敢吗？要说长相，我们一点儿不比你们差。看，我们黄褐色的毛皮上长着黑色横纹，长长的尾巴上不像你们长着簇(cù)毛。

特别是头上的'王'字……"

一提这个"王"字,狮子更是气不打一处来。"别提这个字了!"他打断老虎的话,"看,我们的头很大,脸宽鼻长,耳朵短而圆,爪子宽,长尾巴末端还长着一簇深色长毛呢。"

"比长相没什么意思。看你讲话像个女生。"老虎嘲笑狮子,"要比就比本领。我们的游泳技术特别高超,特别是母虎更是喜欢水了,夏天常常泡在水里避暑。还有爬树的本领,我们也比你们强。"

"我们游泳、爬树的本领是不如你们,但那都是雕(diāo)虫小技。"狮子不以为然地说,"再说了,你们游泳、爬树有豹子厉害吗?"

"我们当然不像豹子、猫那么擅长爬树。爬树有时会损坏脚趾,而且从树上下来也很难,我们不会轻易地爬到树上。"老虎说,"但我们这方面本领强,就说明我们比你们勤快。"

老虎说到"勤快"似乎说到了狮的痛处,狮子张嘴竟没话说。

见狮子哑巴了,老虎可来了精神。他数落着:"你们白叫'百兽之王'了,竟是个懒汉!一天要睡20多个小时,经常饿肚皮,能偷懒就偷懒,只是到饿得受不了才去找吃的,还经常偷吃别

人的剩饭。为了吃的,常常打架抢东西,多丢人!"

老虎越说越带劲,气得狮子竖起鬃(zōng)毛,张嘴吼叫,撞得铁笼咚咚响。老虎也不示弱,在笼里的木凳上磨着爪子——那是马戏团的人专门给他磨爪子用的。要不是有铁笼隔开,他们早打起来了。

幸好这时马戏团的叔叔走来了。他似乎看出刚才发生的事,一边将两只笼子分开,一边说:"你们都是陆地上最强大的食肉类哺乳动物,数量都在急剧减少,老虎已是濒(bīn)危动物了,我们可要好好保护你们。"

知识小贴士

狮子:猫科动物,头部巨大,前肢比后肢强壮,爪子很宽,尾巴相对较长。其属于群居性动物。

老虎:猫科动物,是亚州陆地上最强大的食肉动物之一。老虎拥有猫科动物中最长的犬齿,最大的爪子,擅长捕食。

马和河马的争论

马到河边喝水,正好碰见了在河边吃草和水生植物的河马。

马走上前说:"你老兄也真是的,为什么起个和我们差不多的名字,有的人还真的认为你是我们马的兄弟,其实你我连亲戚都攀(pān)不上呢,你跟牛倒还算得上是异族兄弟。"

一听这话,河马可不高兴了。他粗声粗气地说:"这是人们叫出来的,我有什么办法。你别太神气,我们河马可不比你们马差。"

"是吗?"马不以为然地说,"就拿长相看,你瞧我们马,头面平直而偏长,耳朵短,四肢长,毛色多种多样,春秋季还能各换一次毛。你们河马呢,身体让厚厚的蓝黑色皮包着,再加上砖红色的斑纹,除尾巴上有一些短毛外,身体上几乎没有毛。尾巴也是短得几乎看不见。你们还被称为世界上嘴巴最大的陆地哺乳动物。这多难看!"

河马不服气地说:"我们很多时候都是待在水里,长那么多毛干啥?我们的皮很厚,皮的里面是一层脂肪,这能让我们毫不费力地浮在水中。还因为没有毛,我们一旦露出水面,皮上的水分蒸发量要比你们多得多。"

马听了河马的话,更得意了,说:"我们没必要待在水里。我们汗腺(xiàn)发达,调节体温的能力很强,也不怕严寒酷(kù)

暑,什么样的环境都容易适应。我们胸廓(kuò)深广,心肺很发达,奔跑或者干重活都没问题。而且骨骼坚硬,肌腱(jiàn)和韧(rèn)带都结实,蹄子更是无比坚硬,再坚硬的地面我们都能快速奔驰。你们在地上有这本领吗?"

"你别得意了。"河马没好气地说,"我们的鼻孔长在吻端上面,跟眼睛和耳朵在一条直线上。这样我们身体全部潜于水中只要将头顶露出水面就行了。我们虽然不是游泳健将,但潜水是高手。我们每天大部分时间待在水中,有时可潜伏半小时不出来换气。而你们呢,游泳不是高手,潜水更不行。"

"再说了。"河马接着说,"我们看起来高大笨重,但短跑能力不比你们马差多少,最快时每小时能跑40千米。只是耐力不好罢了。要是比力气,你们更不如我们了,连鳄鱼、狮子都怕我们,别说其他动物了。"

"但我们马比你们河马聪明。我们能帮农民和牧民干活、运送东西,古人打仗也常常依靠我们。现在,我们还经常参加马戏表演、赛马活动什么的。"听了河马说了那么多,马有些着急了,"还有呢,人们常说'老马识途',就是夸我们认路本领大,聪明!"

"这算什么!"河马可不服输,"我们小时候出远门玩,就会把大便拉到地下做记号,找到回家的路。为了防止蚊虫叮咬,我们会洗泥澡,用泥涂满身体。有时还会让各种食虫鸟过来,与他们保持着友好的关系,让他们替我们捉虫子。这都说明我们同样很聪明。"

　　他们争来争去，谁也说服不了谁，最后只得请大象来评理。

　　大象和蔼地说："你们各有各的长处，谁也不能说自己就比别人聪明。更重要的是，我们不要骄傲，只看到别人的短处，而看不到自己的短处。比如，你们都有发脾气而伤人的时候。这种性格就不好了。"

　　听了大象的话，他俩点点头，不再说什么了。

知识小贴士

　　马：草食性家畜，曾是农业生产、交通运输和军事活动等的主要动力，如今马主要用于马球运动和生产乳肉。

　　河马：淡水物种中的最大杂食性哺乳类动物。其主要分布于非洲热带的河流间，觅食、交配、产子、哺乳均在水中进行。

大鱼找鲸讲理

鱼群被鲸追吃着,他们每天都要损失很多伙伴。于是他们开会商量办法。

一条小胖鱼打开电脑对大家说:"你们看,这网上说:鲸是一个大家族,分为两大类——齿鲸和须鲸。须鲸没有牙齿,有鲸须,有两个鼻孔;齿鲸有锋利的牙齿,无鲸须,有一个鼻孔。你知道他们吃什么吗?齿鲸主要吃大鱼甚至海兽。一旦遇到他们,齿鲸就猛扑过去,张大嘴,用锋利的牙齿撕(sī)咬并吃掉他们。而须鲸呢?主要吃虾子和小鱼。他们在海洋一边游动,一边张开大嘴,把许许多多小鱼小虾连同海水一块儿吸到嘴里,再闭上嘴巴,将海水从须板中间漏出,把小鱼小虾吞进肚里,一顿要吃好几吨的鱼虾。这简直太可怕了!"

鱼儿们你一言我一语数落着鲸的不是,可就是找不出对付他的办法。

最后,一条年长的大鱼说:"我们身体太小,而鲸鱼却是海中的巨无霸(bà),是世界上最大的动物。我们要想打败他是不可能的。这样,为了不被吃尽,我去找他讲理!"

鱼儿们都被这条年长的大鱼的精神所感动,有的都差点儿哭了。

年长的大鱼去找鲸了。他跳出水面,发现不远处突然冒出十多米高的水柱,知道那是鲸喷出的。因为鲸的肺很有弹性,体内有着贮存氧气的特殊结构,可以几分钟甚至几十分钟露出头呼吸一次,呼气时像喷泉一样从鼻孔里喷出水柱。

年长的大鱼顺着水柱的方向拼命游着。好在这时鲸发出了一连串"歌声",他只要顺着声音去找就行了。年长的大鱼了解鲸鱼,他们是水中杰出的"歌唱家",能"唱"几十分钟呢,那声音抑扬顿挫(cuò),调子不一,优美动听。但他此时根本无心欣赏他的歌声。

年长的大鱼奋力游到了鲸的身边。好在此时的鲸吃饱了,不然他早张嘴吃了这条鱼。

年长的大鱼大声说:"鲸鱼啊,你的身体也是流线型的,前肢进化成了'鳍(qí)',有像和我们一样的尾巴。你也是鱼,为什么要吃我们——你的同类?!"

鲸鱼嗅觉不灵敏,视觉也不好,但听觉和触觉却很发达。所

以他还是听出了鱼的叫喊声。他找了半天,才发现大嚷大叫的是一条鱼。他本来想张嘴吃了他,可听他这么一说,心想:我就让他死个明白吧,张开的嘴便又合上了。他哈哈一笑,说:"你胆子可真大!竟然敢和我理论。我告诉你吧,我们虽然叫'鲸鱼',可我们是生活在水中的大型哺乳动物,是胎生、哺乳、恒温、用肺呼吸空气的脊(jǐ)椎(zhuī)动物,并不是鱼类。我们根本不是一类的。"

"那你每天吃掉我们那么多同伴,你就是坏东西!"年长的大鱼见鲸鱼并不是自己的同类,更生气了。

"你要明白,世界上要是没有我们鲸鱼,人类说不定都会灭亡。海洋中绝大部分氧气甚至大气中60%的氧气是海里浮游植物制造的,而须鲸是吃浮游动物的,对保持生态平衡作用很大;我们吃你们鱼类,也有利于海洋生态平衡的。"鲸鱼理直气壮地说。

听鲸鱼不但不思悔改,反而说得头头是道。这可把这条大鱼气得够呛(qiàng)。他破口大骂:"你们惨无人道!你们是海洋中最坏的坏蛋!"骂完转身就逃。

他的话可惹恼了鲸鱼,他厉声说:"你快滚吧!我是不想吃你,觉得你有胆量。要是想吃你,你是跑不了的。我们能利用回声定位寻找食物、逃避敌害,能发出或接收超声波以确定方向,在危难时能及时通知同伴来帮忙或逃跑。我们从来不会迷失方向。像你这种速度,我只要动一动身体就追上来了。"

年长的大鱼不敢再说话了,逃命要紧啊。

牛和犀牛的对话

牛走向小河,准备先喝点水,再顺便洗个澡。

突然从河里蹿出个怪家伙,那个怪家伙跑了几步,又停了下来。牛被吓得不轻,仔细一看,他太吓人了。只见他的身体异常粗笨,几乎没有长毛,四肢像四根粗而短的柱子,脑袋特别大而长,颈部粗短,伸出长唇,尾巴细短,身体呈黄褐色,全身还披着铠(kǎi)甲一样的厚皮,头上长着一只角——不是长在头顶上,而是长在鼻梁上,头的两侧长着一对很小的眼睛。

牛被吓呆了,站在那儿一动不动。过了好半天,见他并没有向自己发起攻击的意思,牛才缓过神来,结结巴巴地问:"你也是牛吗?怎么有的地方长得和我们像,有的地方又不像?我只是来喝水的,没有别的意思。"

犀(xī)牛见牛没有伤害自己的意思,向河岸走了两步,说:"我们胆子小,从不伤人的。我们宁愿躲避也不愿意和别人打架的。不过你别伤害我,你要是敢惹我,我会把你冲倒,我的力气可大了,能撞翻一头大狮子。"

一听这话,牛胆子大多了。他想:原来他是个胆小鬼啊。他甩甩尾巴一步步走到犀牛跟前,说:"你叫什么?这么大的个子还用怕谁。"

犀牛说:"我叫犀牛,和你们一样,也是哺乳类动物,主要生活在非洲和东南亚，是仅次于大象的大体型陆地动物。我们爱睡觉，喜欢集体生活。我们体长有2米以上，肩高一米多，体重有3 000千克呢。但我们就是不想和别人打斗啊。"

"那好啊。"牛觉得犀牛脾气不错，"我们一块儿去洗澡吧。"

"太好了，我们可喜欢洗澡了。因为我们的皮肤虽很坚硬，但褶(zhě)缝里的皮肤是很娇嫩的，一些寄生虫会在里面待着。要想赶走这些可恶的虫子，我们就要经常在泥水中打滚，把身上涂上泥巴。"犀牛和牛一边说，一边下了水。

就在这时，一只小鸟飞来了，落到犀牛的背上，叽叽喳喳边叫边吃起虫子。犀牛看出牛投来好奇的眼光，他忙解释说："这是犀牛鸟，是来为我清除背上的寄生虫的。它还能为我放哨呢。刚才你走过来，就是它发现的，然后突然起飞，大声鸣叫，给我报警。我们都是近视眼，只是听觉和嗅觉还可以。"

牛觉得犀牛有这么好的鸟朋友真不错，他叹口气说："有时虽然也有小鸟给我们捉身上的小虫，但没有像犀牛这么好的朋友。因此，我们主要靠不停地摇摆长尾巴来赶走蚊蝇。当然泡澡也能是个办法，但我们水牛泡澡主要是为了散热。我们的汗腺不发达，皮又厚，夏天南方真热得受不了。"

"你们身上有毛也不会流汗啊？"犀牛觉得有些奇怪。

"是啊，我们是通过舌头和脚趾来排汗的。所以我们干活时会张大嘴巴喘粗气，站在哪儿，脚下会汗湿一大片。"牛说。

犀牛听着牛说话，看他还咀(jǔ)嚼(jué)不停，正要问呢，牛似乎看出了他的心思，忙说："噢，我们是反刍(chú)动物——就是吃完草,草在第一个胃消化完,会又回到口部再咀嚼送到第二个胃,如此类推。因为我们有四个胃呢。"

就在这时,犀牛鼻子突然哼哼叫,还发出一声尖叫。牛抬头一看,噢,原来远处又走来一只犀牛。他是在和朋友打招呼呢。可他的朋友长着两只角。牛不禁问犀牛:"怎么,你们的角还不一样多啊?"

"是的。"犀牛说,"我们有的长一只,有的长两只,但都是实心的,有的雌性还不长角呢。我们的角虽然是特别厉害的武器,但却是毛发构成的,折断或脱落后仍能再生。你们牛也不会长得都一样吧?"

"我们都长两只角,角是空心的。但我们种类就不止一种了。我们又分水牛——像我这样的、黄牛、奶牛。水牛和黄牛能干重活,犁田、拉车都行,奶牛可以产奶供人们饮用。"牛解释道。

他俩聊(liáo)得很多,后来还成了要好的朋友,常常一起洗澡。

乌鸦是只聪明的鸟

小猪常听人们说,乌鸦是一种不吉祥的鸟,他一叫就没什么好事。"乌鸦嘴"就是说不出好话的意思。还有"天下乌鸦一般黑"。乌鸦喜欢聚到一起打群架,所以叫乌合之众,就像临时聚集到一起的团伙,反正不是干好事的。

这一天,小猪早上一出门,就听到了"哇哇"的叫声,抬头一看,果然是乌鸦。他就气不打一处来,从地上捡起石块就砸,边砸边骂:"你这只该死的鸟,狐狸骗了你的肉,怎么没把你也吃了!一出门就遇到你,今天肯定要倒霉(méi)了。"

乌鸦幸好反应快,拍拍翅膀飞了起来。但他并没有飞走,而是在小猪头顶上盘旋,还一连在他头上拉了两次屎,臭得小猪直把鼻子向地里拱。

"哇!哇!"乌鸦边叫边说,"谁叫你骂我还砸我!我们可是会记仇的鸟。"

"你要是让我抓住了,非把你烧吃了不可!"小猪气得蹦了起来,还真的伸出手想抓他。

乌鸦得意地说:"你就是长上翅膀也抓不到我的,我们可是灵活又凶猛的鸟,我要是发起火,老鹰也得让我三分。"

"有本事,你下来!"小猪气得火冒三丈,但就是没办法。

"你以为我们笨?你以为狐狸骗了我嘴里的肉是真的?告诉

你，我们是最聪明的鸟类之一，有超乎寻常的智商。我们能做很多复杂的事，比如，我们会用嘴将散落的一块块饼干有序地垒到一块儿，一次性叼走；要是一块肉太大，一次飞行无法带走，我们会把它分割成小块，分几次带上；我们存粮食的仓库有时都不止一个，我们会造一个假的来迷惑(huò)敌人；我们总在树洞、崖洞、高大建筑物的缝隙中筑巢，别人抓不到我们。怎么样？聪明不？"

"你……你……"小猪支吾半天，说不出话来。

见小猪哑巴了，乌鸦更加来劲："你是说不过我的，我们是能言善语的动物，虽然发音不那么好听，但我们会发出几百种声音来表达意思。人们说我们叫是不祥之兆，那纯粹是迷信！是污蔑(miè)我们！"

"反正不管怎么说，你们是坏东西！"小猪想了好一会儿才想出这么一句。

"我们每年吃掉无数只害虫,是坏东西吗?虽然也吃谷物、浆果、腐肉及其他鸟类的蛋,但我们的功比过大,是杂食性益鸟。我们懂礼貌有错吗?我们吃东西时,总是让年老体弱的先吃。我们尊敬老者是坏事吗?乌鸦妈妈老了,羽毛掉光了,我们会捉虫子喂她。"乌鸦越说越激动,一口气说了很多自己的优点。

小猪听到这,觉得确实是自己不对了。人家还真是聪明、能言会道又有良好品质的益鸟。他过了好半天,不好意思地说:"我以前对你们不了解,今天才知道这么多的。不好意思,我做错了,我道歉!"

听了小猪的话,乌鸦也不生气了,说:"我做得也不对,不应该那样说你。不打不相识,我们就做个朋友吧。"

小猪高兴地点点头。这时小猪再看乌鸦——羽毛黑黑的,头和身体之间是白色的,羽毛很有金属光泽,翅膀比尾巴长不少,嘴、腿和脚都是纯黑色的,倒觉得他挺好看的。

知识小贴士

乌鸦:乌鸦是雀形目鸦科数种黑色鸟类的俗称。其为雀形目鸟类中个体最大的,体长400~490毫米;羽毛大多黑色或黑白两色;翅远长于尾;嘴、腿及脚纯黑色。

山羊跟随骆驼进沙漠

我们都听说过《骆驼和羊》的故事,说的是骆驼和羊比高矮,骆驼说高好,羊说矮好,结果是谁也说服不了谁。最后还是牛伯伯为他们评理:"高有高的好处,矮有矮的好处;当然,也都有各自的短处。每个人都应该看到自己的长处,但更要看到自己的短处。"

这事本来就结束了,可山羊并不这么想,他非要比个胜负不可。

这天,山羊又来找骆驼比本领。

骆驼正准备去沙漠。山羊听了,不服气地说:"去沙漠有什么了不起!别看人家叫你们什么'沙漠之舟',你能去的地方,我同样能去。"

骆驼怎么劝,他也不听。就这样,倔(juè)强的山羊跟着骆驼来到了沙漠。

可还没走多远,山羊就觉得眼睛、鼻子受不了了,因为沙漠里风沙很大,直往鼻子里灌;更糟糕的是,风沙吹得他简直睁不开眼。他只得往骆驼身后躲。而骆驼却一点事儿也没有。这让山羊感到很奇怪。

骆驼笑笑说:"我的眼睫(jié)毛很浓密,能遮挡风沙;我的鼻孔像个小开关,同样能挡风遮沙。因此,我走沙漠是完全没问

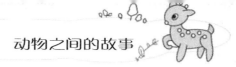

题的。"

山羊为了证明自己比骆驼各方面都强,只好硬着头皮向前走。沙漠中的阳光很强,空气也干燥无比。他们还没走多久,山羊就感觉口渴得不行了,腿脚无力,自己都快中暑了;而骆驼却仍然健步如飞。

山羊忍不住问骆驼怎么没有口渴和中暑的感觉。骆驼说:"我们背上都有一到两个驼峰,里面贮(zhù)藏着厚厚的脂肪。我们依靠它的分解,能获取水分和营养,在沙漠里不吃不喝过上四五天甚至十几天也没问题。我们也不会中暑,因为我们不会出汗;身上的毛很厚,又能对付太阳的暴晒;而且一分钟只需呼吸 16 次,体内水分就不会消耗太多。"

山羊一听这话,心里害怕了。他想:我不具备他的条件,如果没有水喝,别说过十几天,我可能一两天就会渴死。

山羊只好向骆驼恳求说:"我认输了。我想回去了。"

骆驼停下脚步,看了看他,说:"其实,你也有许多长处是我不具备的。你在草原上就比我们强,但在沙漠中,你肯定是比不过我的。我早就劝你别来,你非不听。唉!"

听了骆驼的话,山羊红着脸,什么也不好说了。过了一会儿,他实在渴得厉害,只得向骆驼请求说:"你有水吗?我渴得不行了。"

这时骆驼为难了,说:"我有驼峰,我没有带水呀!"

山羊再回头看看,茫茫沙海,无边无际。他心慌了。"那可怎么办?我会渴死的呀!"山羊急得差点儿哭了起来。

　　骆驼想了想,仔细地看了看,用鼻子四处闻了闻,似乎发现了什么,他高兴地说:"没关系,我发现不远处有水源。"

　　山羊把头抬得老高,甚至跳起来看,也没发现什么。他以为骆驼是在安慰(wèi)自己,故意这么说的。

　　骆驼猜出了山羊的心思,他笑笑说:"我不是骗你的。我们骆驼鼻子特别灵,能闻到什么地方有水,因为沙漠的泥沙中有一种化学物质能散发湿润的气息,我们能感觉到。不信,我们过去看看。"

　　山羊跟着骆驼走,不多会儿,果然找到了水源。

　　山羊一边喝水,一边不住地夸着骆驼。这回,他是彻底服气了。

杜鹃鸟和苇莺的争吵

森林鸟类纠纷调解委员会的燕子会长最近显得特别忙，因为她不仅自己要四处飞，捕捉各类害虫，还要处理鸟儿们之间的各种纠纷。

这不，她刚飞回森林，准备飞进林中小屋自己的窝里，就听到远处传来激烈的争吵声。

燕子仔细看，发现是两只鸟儿在吵闹。

一只鸟的体形和鸽子差不多大小，但比鸽子要细长些；上半身呈暗灰色，腹部布满横斑。燕子认识她，她就是杜鹃鸟，因为芒种前后，她总是"布谷布谷"地叫着，像是在说"割麦插禾！快快播谷"，所以人们又叫她布谷鸟。

另一只鸟的背部羽毛呈棕褐(hè)色，下半身呈淡白色，眉纹淡黄色，胸部有不明显的灰褐色的纵纹。燕子也认识她，她就是大苇莺(yīng)。

他们吵着吵着，眼看就要打起来了。杜鹃鸟的体形显然要比大苇莺大得多，但大苇莺毫不示弱，叫得很凶。

就在这时，燕子来到了他们面前。

"你们都是要做妈妈的鸟了，吵来吵去，多不好！"燕子来调解。

"燕子姐姐，你来得正好。"大苇莺抢先说，"这杜鹃鸟太不像话了！她趁我外出找食物的时候，就想把我窝里的蛋推出去打碎，自己把蛋偷偷地下到我窝里，自己不孵(fū)蛋，让我替她孵，替她哺育小鸟。"

"谁说的！我只是来你窝里看看。"杜鹃鸟争辩道。

"你来看看？看什么？"大苇莺一脸怒气，"去年，你就干过这种事。我在筑巢时，你就在不远处偷看。我筑好巢下了蛋，那天我外出捉虫子，你就悄悄地溜进我的巢里，把我的蛋衔(xián)走，然后扔掉，再产下你自己的蛋。因为我的蛋和你的蛋很相像，我又是个粗心的鸟，当时虽然觉得有点不对劲，但我想想，这是我自己巢里的蛋，应该不会有什么；再加上我爱子心切，就没再多想，继续孵蛋了。"

"你觉得蛋有问题,就能证明那是我下的吗?"杜鹃鸟还是不承认。

"当然是你!"大苇莺说,"第一,我那天回来,你还在我窝里呢,这以后再没有别的鸟来过。第二,你们杜鹃的蛋孵化期比我们的短,所以,还没到日子,我窝里的第一只鸟就出生了。我在高兴的同时,还是产生了疑惑(huò),这只幼鸟生长很快,个子也大。但哪个母亲会怀疑自己的孩子呢?我很快就不再多想了,一心一意捉虫哺育幼鸟。但有一天,我外出时还是发生了意外。我的另外三个宝宝全摔到地面,一只鸟才出壳,另两只还没破壳啊!我多伤心!"

说到这里,大苇莺哭了。燕子连忙过来安慰她。

过了一会儿,大苇莺接着说:"我难过到了极点,只以为是蛇或者其他什么东西做的坏事,根本没往仅剩的这只鸟身上想。我更加用心照顾这只幼鸟,对他怜爱有加,精心哺育。没过多少天,这只幼鸟的个头就超出我了。再过一段时间,他长得比我还要大几倍,整个巢都让他占了,可我依然对他付出所有的爱,精心呵护。有一天,我捉虫回来,突然发现鸟巢空了。我四处寻找,还是啄木鸟阿姨告诉了我真相。我哺育的是你的孩子,他长大了,飞走了,连一声谢谢也没说。更可恶的是,我的另外三个孩子都是被你的孩子推下窝的!"

大苇莺说着说着,又哭了起来。

站在一边的杜鹃鸟正要开口,突然,画眉阿姨和长尾大苇莺飞来了。

他们刚落下来，就开始指责杜鹃鸟。

长尾大苇莺说："杜鹃就是个寄生者！不劳而获！其实我们苇莺也知道杜鹃的蛋会影响我们后代的生存，于是慢慢学会了识别杜鹃蛋，并将这些蛋推出鸟巢，但杜鹃更狡猾，他们也学会下出与我们的蛋更加相似的蛋。他们有时趁我们外出，把蛋直接产下来，如果鸟巢太小，不好钻进去，她就会先下蛋，再用喙(huì)小心地把蛋放进去，和其他蛋混到一起；更可恨的是，她在放自己的蛋前，经常会从巢中把别的蛋弄走一只。她不孵蛋，而让我们给她当免费的保姆。"

画眉也愤恨地说："他们有时也对我们下手。他们会模仿猛禽岩鹞(yào)的飞翔姿势，低低地飞，忽左忽右，还时不时拍打着翅膀，吓得我们弃窝逃走，她趁机干坏事。"

长尾大苇莺接着说："去年我和啄木鸟阿姨就亲眼看到这么一幕：杜鹃的孩子破壳而出后，羽翼(yì)还没丰满，甚至还没长毛，他就用尾巴、背部，推着苇莺的蛋和刚出生的小鸟，慢慢向巢边沿移动，最后把所有的蛋和雏鸟都摔死了。他独占了大苇莺所有的爱。"

大苇莺听了她们的话，叹了一口气说："我们可是勤勤恳恳、任劳任怨的啊！可好心没有好报，他们杜鹃连声感谢的话都没有。"

杜鹃鸟见这么多鸟都在说她，她不再争辩了，羞愧地低下了头。

见杜鹃鸟不说话，燕子开口了："杜鹃啊，你这样做可真的对不起大家。大苇莺可是有益于农业的鸟啊。作为候鸟,她们主要吃昆虫,食物主要有豆类、蚁类、甲虫、蜘蛛、水生昆虫、蜗牛等。我们应该保护他们才对。你这种行为虽然是自然选择的结果,但我们还是要警告你。"

"我错了！我改正。"杜鹃把头低得更厉害了。

"承认错误是好事,关键是要学会自己筑窝,自己的事自己做。"燕子说,"这样吧,我带你去看看大苇莺她们是怎么筑窝的,然后我要监督(dū)你筑出新巢。"

她们一同飞到了芦苇塘边。只见大苇莺的巢就筑在芦苇秆上,缠(chán)在几棵苇茎上,距地面差不多一米,是用干枯的根茎、碎布条、废绳头及羽毛编成的,形状像杯子,悬挂在几根苇茎之间,窝里放 4~6 枚卵一点问题没有。

杜鹃看了,一再向大家表示歉意,还表示要好好学习筑巢的本领。

知识小贴士

杜鹃鸟：常指杜鹃亚科和地鹃亚科的约 60 种树栖鸟类。杜鹃分布于全球的温带和热带地区。在东半球热带地区尤多。

苇莺：苇塘和沼泽地区内常见的食虫鸟类,体色以褐色为主,嘴细尖；体型纤长,性活泼,喜在草茎间穿飞及跳跃寻捕昆虫。